Excel
从小白到
小能手

凌祯
关攀博
著

中国铁道出版社有限公司
CHINA RAILWAY PUBLISHING HOUSE CO., LTD.

内 容 简 介

本书以Excel 2016为基础进行讲解，能够有效地帮助读者提升职场竞争力，注重培养读者的数据思维，以数据整理、数据分析和数据可视化的主逻辑，贯穿全书；让读者在真实的职场场景中，解决工作中常见的Excel难题，轻松、高效完成工作。

在内容安排上分为四部分：第一部分是数据规范，讲解Excel数据整理的技巧；第二部分是函数应用，着重讲解工作中高频使用的三类函数的应用；第三部分是数据分析必备的数据透视表，结合行业人员在工作中遇到的实际案例进行讲解；第四部分是图表可视化，讲解数据可视化的实现方法。

本书适合各个行业的职场人士以及即将步入工作岗位的学生阅读。

图书在版编目（CIP）数据

Excel 从小白到小能手 / 凌祯，关攀博著 .—北京：
中国铁道出版社有限公司，2021.3
ISBN 978-7-113-27380-4

Ⅰ . ① E… Ⅱ . ①凌… ②关… Ⅲ . ①表处理软件
Ⅳ . ① TP391.13

中国版本图书馆 CIP 数据核字（2020）第 211176 号

书 名：	Excel 从小白到小能手
	Excel CONG XIAOBAI DAO XIAO NENGSHOU
作 者：	凌 祯 关攀博

责任编辑：张 丹　　　编辑部电话：(010)51873028　　　邮箱：232262382@qq.com
封面设计：MXK DESIGN STUDIO
责任校对：孙 玫
责任印制：赵星辰

出版发行：中国铁道出版社有限公司（100054，北京市西城区右安门西街 8 号）
印　　刷：三河市兴达印务有限公司
版　　次：2021 年 3 月第 1 版　　2021 年 3 月第 1 次印刷
开　　本：700 mm×1 000 mm　1/16　印张：14　字数：220 千
书　　号：ISBN 978-7-113-27380-4
定　　价：59.80 元

前 言 ▶

　　2016 年，我从一名传统行业从业者转型成为互联网知识付费领域的讲师，转型的过程虽说艰辛，却收获了一批批热爱学习 Excel 技巧的学员。回顾转型经历，使我惊喜地发现人们对于数据整理和可视化分析的热衷，但或因经验不足，或因代码知识欠缺，导致没有成为"数据分析达人"。随着互联网技术的飞速发展和信息化时代的到来，无论你从事财务、人力资源还是产品运营、课程策划，相信都离不开"数据"工作，以我多年培训经验为例，常常会遇到各个行业学员的咨询：

- 后台小哥提供在已付费的学员名单数据中，如何确认哪些人已经加入社群，哪些人尚未联系班主任。

- 导出数据看似挺全面，但数据全部"坨"在一起，领导让我提供数据分析报告，压根没法儿直接用。

- 周周报、月月报，表格数量多且杂，无奈代码技能少仅能手动加加减减，每次加班工作完，难免"瞌睡、打盹"，成为第二天老板"找茬儿"的致命问题，发现数据 BUG。

- 明明平时工作"兢兢业业"，但一到工作汇报时，想用图表展示一下，却感觉无从下手，费心费力地做好展示界面，老板要求需要高端、大气、上档次！结果只能次次修改，日日挨批……

其实，这些看似复杂的问题，都可以用 Excel 轻松解决。此外，我始终认为，Excel 除了能够提高工作效率之外，最重要的是为你构建"数据思维"。让你在"技能"成长的同时，理解"数据"背后的逻辑，创造数据价值。

也许有人认为，在互联网从业者的世界里，代码可以实现所有数据分析功能，并将数据从后台导出，自动采集而成，节省人工分析成本。但往前追溯，在没有技术人员搭建的数据采集平台之前，我们用什么向他们描述需求呢？我认为，Excel 是最好的工具。比如，每个项目的可填参数，就可以用数据验证轻松实现下拉功能。

当然，面对后台导出的庞大数据，我们常常会感到：好像什么都有，但好像又没法用的窘境。其实，只要掌握 Excel 基础的数据整理技巧：分列，就能让你的数据源更加"清爽"。

此外，后台导出来的数据大多是多维度、多属性的数据组，我们只要学会数据透视表使用技巧，即可快速查询数据均值、计数、最大值、最小值等统计性规律特征。

结合工作和培训经验，我也将分享一套图表可视化的方法，彻底拯救和解放我们"不堪入目"的周报和月报。

整体来说，为了方便初学者巧用 Excel 功能，本书共收集了人们实际工作中常用的 8 种场景，针对特定场景筛选出 12 种高频率使用技能。采用情景导入式的讲解方式，在每一章之初，都介绍了职场工作场景，用问题导入式的方式，将 Excel 以场景化应用的模式，展开介绍。让读者可以身临其境、轻松愉悦地提升自己的 Excel 实战应用水平，让 Excel 成就自己，让你的表格为自己代言。如果你还是 Excel 小白（只会加减乘除、复制粘贴的那种），也常常遇到后台数据整理分析、周报和月报总结的类似工作，但不想学习一大堆无关的 Excel 理论知识，遇到实际问题，不知从何下手。那么本书涉及的内容将为你展现更快速、更高效、更美观的 Excel 实用技巧，相信通过本书的学习一定会让你的 Excel 操作更加高效，早做完、不加班。

凌　祯

2021 年 1 月

目 录 ▶

第三篇　数据分析必备的「数据透视表」

第四篇　图表可视化，让数据说话

第0章
想要成为小能手，先要学好基本功

Boss

关关是刚入职的新人，属于Excel小白一枚，只会最基础（只会加减乘除、复制粘贴的那种）的一类操作。

关关

在和关关工作的这段时间中，表姐马上发现他拥有很多Excel"小白"的共同问题：

1.不了解Excel工具都有什么主要功能，甚至不知道各个功能按钮在界面的什么位置。经常为了找到某个功能按钮，要花费很长时间。

2.一些经常用到的功能（比如设置冻结窗口、文档保护和各种打印设置），每次用每次查，当时记住，用完就忘。导致重复劳动，花费无效时间。

首先，平时我们工作中遇到的大部分Excel问题，还是属于基本操作。这块搞清楚，学明白了，工作起来就会得心应手，问题迎刃而解，效率自然提高了，并且在同事中小有威望，价值感直线上升，领导对你也会很器重。

其次，学好Excel工具的基础就是一些基本功能可以快速顺畅地操作完成，只有这样，才能为后续使用函数、数据透视表，图表可视化提供知识储备。基础知识打好了，后面难度大的复杂工作才能快速学习、完成好。

其实学习任何知识都是一样的，首先要把基础打牢，就需要无数次地重复和实践，光是纸上谈兵永远学不会。踏踏实实，一步一步走稳了，没有捷径。技巧，只是无数次练习重复的辅助工具。

0.1 初见 Excel 2016

1. 操作界面与工具栏

常言道"工欲善其事必先利其器"，要想从小白晋升为数据分析师，就需要掌握Excel软件的功能属性，了解各个功能键的设置技巧和运用场景。Excel界面包括标题栏、选项卡、编辑栏、活动单元格等功能键。

本书以 Excel 2016 版为例（见图 0-1），下面向大家——介绍。

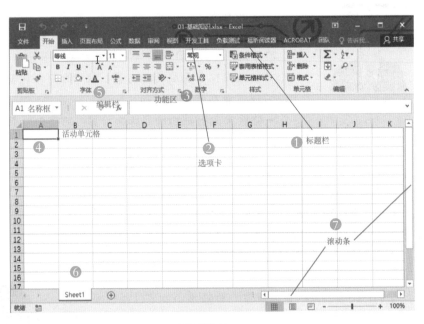

图 0-1

❶【标题栏】位于 Excel 窗口最顶部，显示当前应用程序名、文件名等，与界面窗口中"最小化""最大化""还原""关闭""文件保存"按钮处于同一级。

❷【选项卡】设置选项模块。一般包含"开始""插入""页面布局""公式""数据""审阅""视图"等选项，用于集成 Excel 设置属性。可通过调整"文件"的

"选项"中"自定义功能区"添加或删除选项卡，**具体内容详见第 12 章相关内容。**

③【功能区】用于展现当前选定【选项卡】下功能属性，可通过单击"▣"扩展某一功能键全部设置属性，增加修改属性功能。

④【名称框】用于命名选定活动单元格名称，常常结合"数据验证"功能属性使用，可有效限定活动单元格填写内容。**具体内容详见第 3 章相关内容。**

⑤【编辑栏】编辑当前活动单元格输入内容，常见的输入内容包括但不限于数字、字符、函数、图片等。

⑥【工作表标签】显示在工作簿窗口中的表格，单击"+"可以快速添加多个工作表，各工作表下相关数据可相互索引使用。

⑦【滚动条】包括水平滚动条和垂直滚动条，水平滚动条用于展示跨页下行表数据，垂直滚动条用于展示跨页下列表数据。

👉 2. 让快捷键飞一会

众所周知，为了提升日常工作效率，需要掌握并熟练运用快捷键方式，有效摒除鼠标点点点的笨拙操作方式。有许多朋友会问，快捷键多且无规律，记不住该怎么办？

表姐建议常用的快捷键并不多，这里引入快捷键【Ctrl】和【Win】的常见用法，多加练习便可熟练上手。

【Ctrl+C】复制快捷键 选中你期望复制的任意文字、单元格、文件，同时按下组合键，即可快速将其复制到剪切板。

【Ctrl+V】粘贴快捷键 将光标移至目标区域，同时按下组合键，即可快速将复制内容粘贴到指定位置。复制和粘贴快捷键常常配合使用；需要注意的是，根据复制内容的差异性，粘贴可以根据使用需求粘贴成指定形式。

【Ctrl+A】全选快捷键 选中当前工作簿任一具有输入内容活动单元格，按一次组合键，快速选取连续区域内容活动单元格；按两次组合键，快速选取当前工作簿下所有活动单元格。

【Ctrl+P】打印快捷键 按下组合键，快速弹出"打印"界面属性框，即可设置打印方式等操作选项。

【Ctrl+N】打开空白工作簿快捷键 在当前 Excel 工作簿下，按下组合键，即可新建空白工作簿。

【Ctrl+;】当前日期显示快捷键 选中任一活动单元格，按下组合键，即可显示当前日期，以%Y/%mm%day形式显示。

【Win+D】桌面返回快捷键 无论当前打开程序个数和文件个数，按下组合键，一键切换到桌面，快速显示桌面内容。

【Win+F】文件查询快捷键 按下组合键，一键打开文件搜索界面。

【Win+E】我的电脑快捷键 按下组合键，快速弹出"我的电脑/计算机"界面对话框。

【Win+L】锁屏快捷键 按下组合键，一键锁屏，切换到系统登录界面。

【Print Screen】截屏快捷键 Windows系统自带快捷键，按下快捷键，移动鼠标选取截取界面内容。

快捷键的掌握可以大大缩短你的工作时长，提高效率，除了本章介绍的常见快捷键方式外，本书中部分章节将结合相关应用场景引出快捷键使用技巧，帮助你记忆相关快捷键！

0.2 数据的保护

☞ 1. 让您的工作表不被他人所动

基于Excel界面和快捷键的介绍，相信你对Excel有了一定的了解。那么在此基础上，我们还需要养成【冻结窗口】和【保护】的良好习惯。

什么是【冻结窗口】？看到这个名词介绍，大家会觉得疑惑不解。

别急，表姐带你回顾：利用Excel进行数据输入时，当输入行数或列数超过当前屏幕显示范围时，常需要拖拉滚动条，或滑动滑鼠显示更多数据内容，若工作表有标题行或标题列，会遮挡标题行或标题列内容，是否有合适的方式解决这类缺陷呢？【冻结窗口】可有效解决这类问题。

本章以"制作令人满意的BUG表"为例，"BUG编号"已超出当前页面显示内容，为了保证"BUG编号"和"日期"列以及标题行不随拖拉滚动条被隐藏，选中【C2】单元格→单击【视图】选项卡→【冻结窗格】下拉按钮→选择【冻结拆分窗格】选项（见图0-2）。这样就可以把【C2】单元格的上方行和左侧列固定住。

那么，当我们滚动鼠标滚轮时，【C2】以上的行（首行），【C2】以左的列（A-B列）就会冻住，不会隐藏起来。

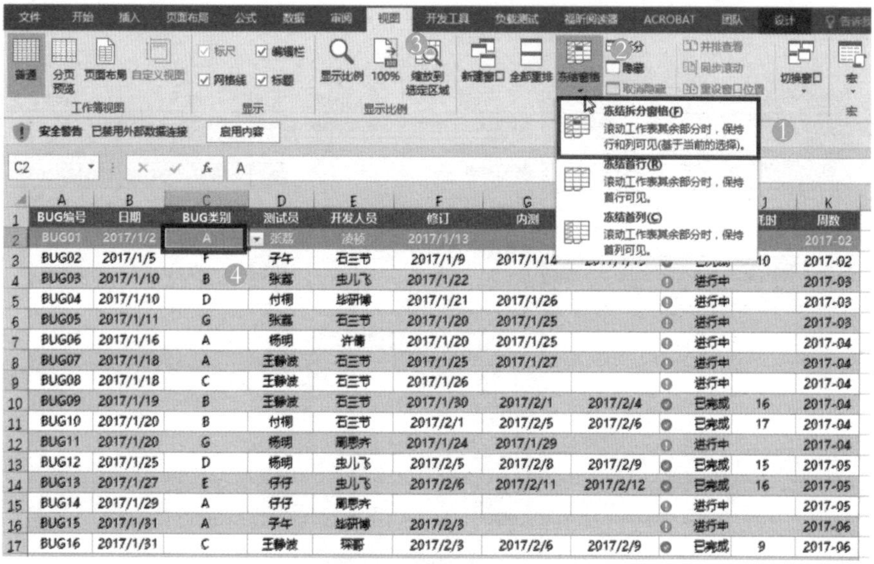

图 0-2

☞ 2. 为敏感信息设置安全屏障

什么是【保护】？我们平时辛辛苦苦做完的表格，如果不想被人随意改来改去；那么，启用工作表【保护】是非常不错的选择哦~本章以"玩转函数界的一哥：VLOOKUP"为例，介绍保护三件套。

【保护工作表】大家都知道，建立个人表格时，往往会在特定表格中输入对应的公式，如果有人想修改这些公式，就会破坏工资表，所以做完的工作表需要进行保护，让别人不能修改。

单击【审阅】选项卡中的→【保护工作表】按钮→在弹出的【保护工作表】对话框中，可以进行设置，比如，单元格、插入行、插入列等。还可以设置一个密码，如图0-3所示（提示：设置一个容易记得住的密码）。

下面来试一下，如果无法修改表中的内容。你尝试随便单击一个单元格，一旦更改，就会有错误提示，如图0-4所示。

这样，我们通过密码【保护工作表】就做好了。

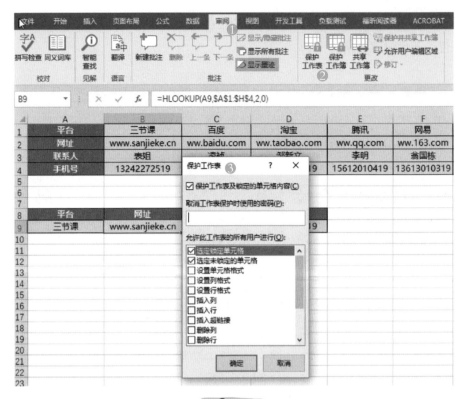

图 0-3

图 0-4

表姐提示

在【工作表保护】状态下，很多工具栏的按钮都是灰色的，无法使用，如图0-5
所示。

Excel 从小白到小能手

图 0-5

想要恢复，只需在【审阅】选项卡中 → 单击【撤销工作表保护】 → 在弹出的【撤销工作表保护】对话框 → 【密码】文本框中输入刚刚设置的密码即可，最后单击【确定】按钮。

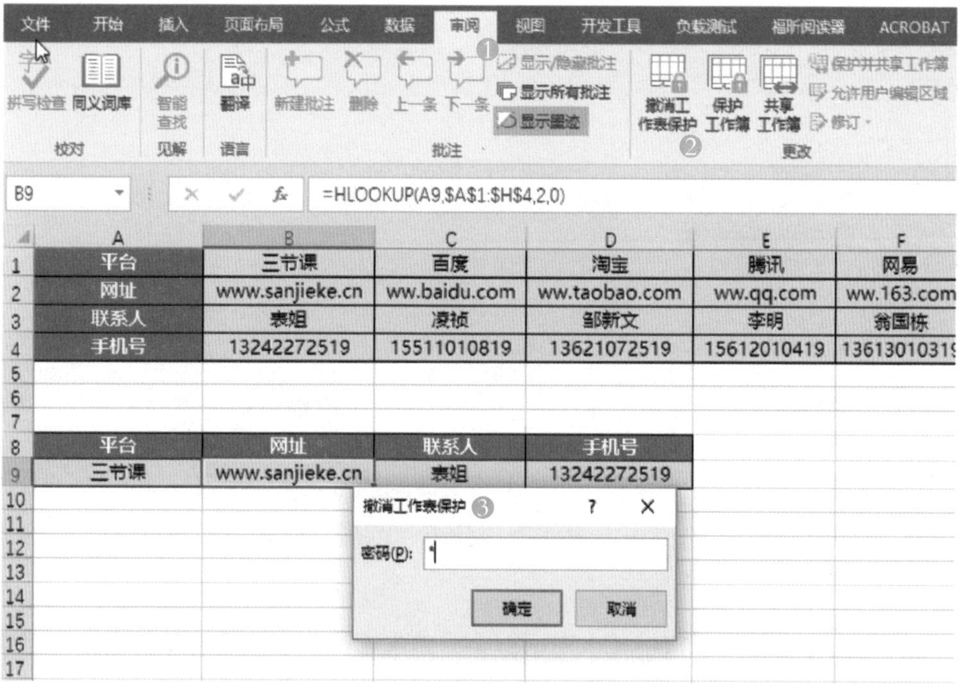

	平台	三节课	百度	淘宝	腾讯	网易
1	平台	三节课	百度	淘宝	腾讯	网易
2	网址	www.sanjieke.cn	ww.baidu.com	ww.taobao.com	ww.qq.com	ww.163.com
3	联系人	表姐	凌祯	邹新文	李明	翁国栋
4	手机号	13242272519	15511010819	13621072519	15612010419	1361301031

（表格下方）

平台	网址	联系人	手机号
三节课	www.sanjieke.cn	表姐	13242272519

公式栏：`=HLOOKUP(A9,$A$1:$H$4,2,0)` B9

撤消工作表保护
密码(P):

图 0-6

【保护部分工作表】保护部分工作表又是什么呢？我们做工作表时不希望工作表被全部锁定，希望【A9】单元格可以更改，且【B9：D9】这一行公式不显示，即只可以让用户编辑指定位置（如【A9】单元格），然后保护部分工作表区域（如【B9：D9】计算公式，避免改乱了）该怎么办呢？

① 设定可修改单元格设置。选中允许更改的地方，比如现在只能更改【A9】单元格，那么就选中【A9】单元格 → 右击 → 在菜单中选择【设置单元格格式】命令（见

图0-7）→在弹出的【设置单元格格式】对话框中→单击【保护】选项卡→将【锁定】前的√去掉，最后单击【确定】按钮，如图0-8所示。

图0-7　　　　　　　　　　　　　　　　　　图0-8

② 设定隐藏单元格公式设置。选中允许更改的地方，比如现在只能更改【B9:D9】单元格，那么就选中【B9:D9】单元格→右击→选择【设置单元格格式】命令（见图0-9）。

在弹出的【设置单元格格式】对话框中→单击【保护】选项卡→将【锁定】前的√去掉，单击【确定】按钮，如图0-10所示。然后重复【保护工作表】操作步骤后，【B9:D9】单元格便隐藏公式，如图0-11所示。

Excel 从小日到小能手

图 0-9

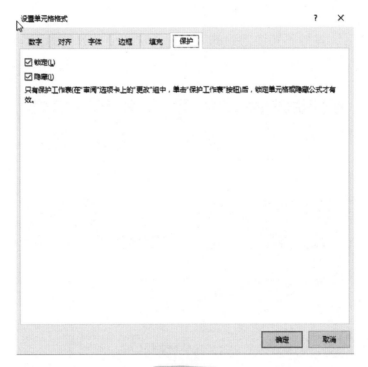

图 0-10

图 0-11

【保护工作簿】：虽然上一步保护了工作表，但是整体工作簿的结构还是允许用户去更改的，比如，增减工作表等。如果不想别人随便新增或者删除你的工作表，我们可以开启【保护工作簿】功能，具有操作步骤如下。

单击【审阅】选项卡 → 选择【保护工作簿】→ 在【保护结构和窗口】对话框 → 设置密码。

设置完成后，其他不知道密码的人，就无法随便更改你的工作簿结构了（见图0-12）。

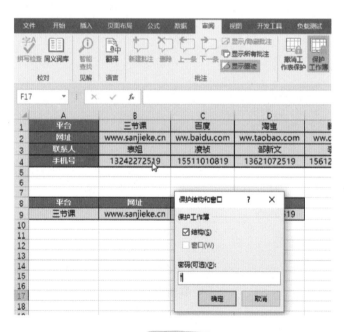

图 0-12

Excel 从小白到小能手

3. 多角色填表，为不同的区域设置不同的密码保护

【工作簿打开密码保护】

除了上面3种保护方式以外，我们还可以设置一个更高级的保护，就是打开Excel工作簿时，都需要我们输入密码。有没有很心动？

我们把上面操作的文件，单击【文件】选项卡下的【另存为】菜单 → 在弹出的【另存为】对话框中 → 单击【工具】小三角按钮（见图0-13）→ 打开下拉菜单 → 选择【常规选项】。

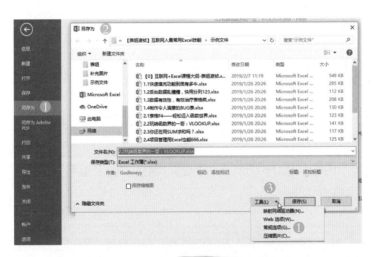

图 0-13

然后我们就可以为文件设置打开密码功能了，在【常规选项】对话框中 → 输入密码 → 单击【确定】按钮（见图0-14），当重新打开这个新文件时就会发现，要必须输入正确的密码，才能打开Excel（见图0-15）。

图 0-14

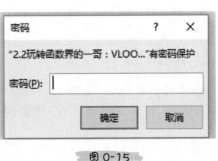

图 0-15

表姐提示

"打开"和"只读"密码是不一样的,在只读中,很多功能都不能编辑。只有打开和只读密码都输入正确,才能正常编辑表格。

0.3 打印工作表数据

1. 便捷的打印工作表选项

【打印页面设置】

快捷键技巧部分已介绍打印快捷键方式,我们还需学会打印页面设计技巧。本节以"玩转函数界的一哥: VLOOKUP"为例。

当前表格显示内容如图0-16所示,标题行包括"员工编号""姓名""岗位""邮箱""手机号"内容。

	A	B	C	F	G
1	员工编号	姓名	岗位	邮箱	手机号
2	442332	凌祯	运营喵		
3	358056	qingjiba	其它		
4	238875	yulepublic	市场鸡		
5	348901	白帅	产品汪		
6	343566	毕延	其它		
7	431585	蔡寿宁	产品汪		
8	195324	曹磊	其它		
9	305126	常思瑶	运营喵		
10	180568	常先堂	运营喵		
11	492321	陈蝶(Focus)	Product		
12	134397	磊(CONTEN	运营喵		
13	357857	陈声伟	其它		
14	228164	陈婉君	产品汪		
15	411181	陈伟伟	程序猿		
16	220580	陈孝仁	运营喵		
17	331208	陈雪(ES)	运营喵		
18	485145	董俊	学生党		
19	419246	董思喜	产品汪		
20	252186	杜婧(ENT)	运营喵		

图0-16

按快捷键【Ctrl+P】(打印快捷键),可进入打印预览界面,打印预览如图0-17所示。可以发现打印预览界面无法显示"手机号"这一列的相关内容。

编号	姓名	岗位	邮箱
350332	凌祯	运营喵	
358056	qingjiba	其他	
238875	yukpublic	市场鸡	
348901	白姗	产品汪	
343566	毕福	其他	
431585	慕容宁	产品汪	
195324	常思晗	运营喵	
180568	常先堂	运营喵	

图 0-17

那么现在就教大家怎样设置打印界面，让所有的表格都在同一张纸上。如图0-18所示，这是打印功能的一些基础设置。

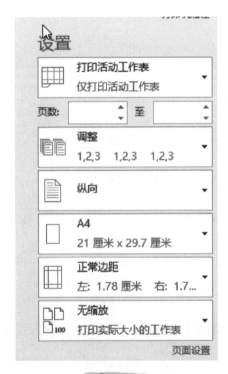

图 0-18

① 纸张方向，系统默认是纵向的，如图0-19所示。因为我们的工资表比较宽，所有将页面设置为横向。

图 0-19

② 纸张方向的下面就是设置纸张大小，我们办公一般使用的是A4纸，所以这里就不去更改了。

③ 设置页面边距，可以单击【打印预览】界面右下角的小按钮，如图0-20所示显示页边距。

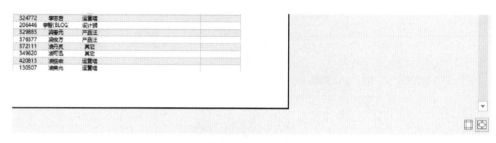

图 0-20

④ 单击之后，界面四周会出现黑色的小方块，如图0-21所示，拖动这些黑色方块儿即可改变页边距。

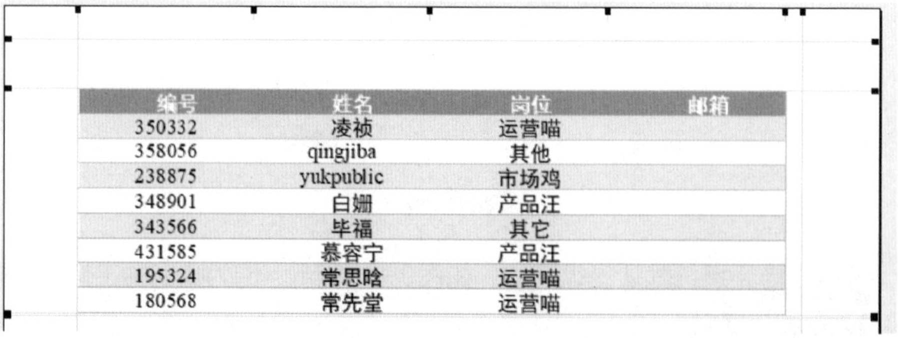

编号	姓名	岗位	邮箱
350332	凌祯	运营喵	
358056	qingjiba	其他	
238875	yukpublic	市场鸡	
348901	白姗	产品汪	
343566	毕福	其它	
431585	慕容宁	产品汪	
195324	常思晗	运营喵	
180568	常先堂	运营喵	

图 0-21

⑤ 适当调整页边距后我们会发现，还是有几列表格没有合并进来。这时可以通过无缩放设置（见图0-22）将其进行调整。

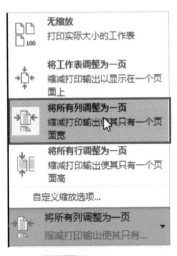

图 0-22

👉 2. 在每个打印页中重复显示标题行

将鼠标滚轮向下滑动，再看看打印预览中的第二页，会发现这一页是没有标题行的。

现在你可以想象一个场景，领导在翻看工作表时，翻到第二页就不知道每个数字代表什么数据了，所以需要翻回第一页看标题行。下面将教大家怎样制作标题行。

① 返回最开始的工作表页面，单击【页面布局】选项卡→单击【打印标题】如图0-23所示。

图 0-23

② 将鼠标定位到【页面设置】顶端标题行，再返回表格单击、拉动鼠标将整个表格的标题行框起来，就会看到界面如图0-24所示，再按快捷键【Ctrl+P】返回打印预览界面，现在可以看到从第二页开始，每一页都显示有打印标题行了。

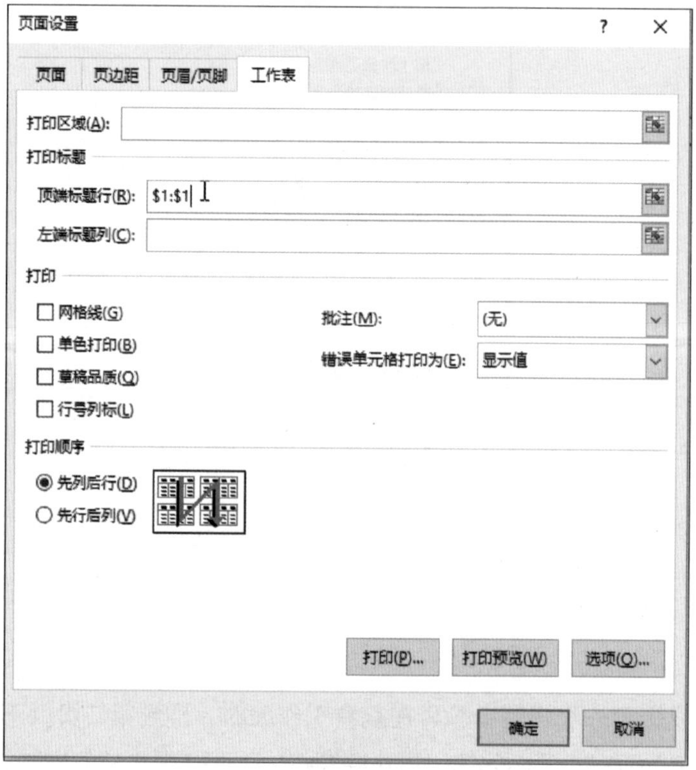

图 0-24

3.页眉页脚的灵活应用，改变拆分表的陋习

【设置页眉/页脚，插入页码】

在平时打印时，可以设置一个页面页脚，标明是第几页。单击【页面设置】按钮，弹出【页面设置】对话框，如图0-25所示，单击【页眉/页脚】选项卡，单击【页脚】后面的下拉按钮，在弹出的下拉列表中可以选"第1页，共? 页"。

如果想要更加细节的设置可以单击【自定义页脚】按钮，在弹出的【页脚】对话框中可以设置文本、日期、页码、文件路径、文件名等，如图0-26所示。

完成插入后，单击【确定】按钮，在打印预览界面，才能查看到对应的效果。

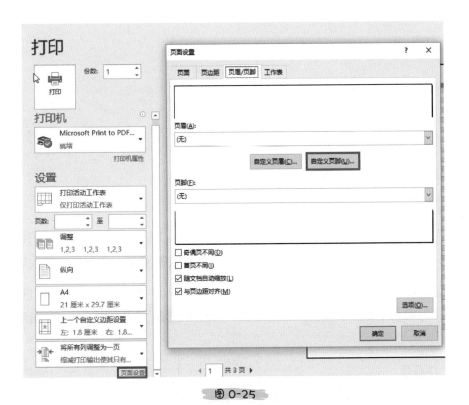

图 0-25

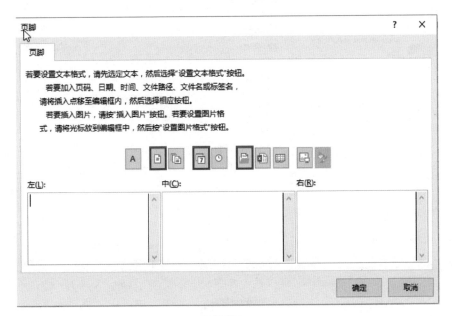

图 0-26

表姐提示

插入后，如果不需要的话，可以通过 Backspace 键删除。

4. 打印工作表页面设置

【工作表——单色打印】

接下来，在【页面设置】对话框中单击【工作表】选项卡，进行单色打印设置。因为制作表格时会有一些颜色底纹等，设置单色打印比较省墨，也是黑白的效果。

在【页面设置】对话框→【工作表】选项卡中→选择【单色打印】复选框（见图0-27）→单击【确定】按钮，即可得到一张非常清晰的表格，如图0-28所示。

图 0-27

206446	李智(BLOG)	设计狮
329883	梁壹元	产品汪
376377	梁俊方	产品汪
372111	凌丹岚	其它
349620	凌可迅	其它
420813	凌铭微	运营喵
130507	凌荚光	运营喵
217152	刘芳	其他

2.2玩转函数界的一哥：VLOOKUP.xlsx

图 0-28

【页面设置为X页宽、Y页高】

现在我们可以看到表格一共是3页，通过设置可以将它收缩成2页打印。

在【页面设置】对话框→【页面】选项卡中→选中【调整为】：单选按钮，并设置
1页宽，2页高→单击【确定】按钮，就可以节约一张纸了。

图 0-29

【分页预览】

现在返回表格原始界面，单击工作表区域右下角的【分页预览】按钮，如图0-30
所示。

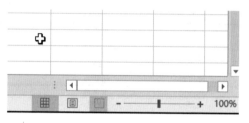

图 0-30

表姐提示

在缩放滑块左侧的三个按钮，分别表示 Excel 的不同视图模式，依次为：普通、页面布局、分页预览。

在每个页面模式中，除了通过缩放滑块，调整Excel显示比率外，还可以通过按住【Ctrl键+鼠标滚轮上下滚动】的方式，调整页面显示比率。

进入【分页预览】视图模式下，如果要按指定位置进行分页打印，可以通过插入【分页符的方式】来实现。如图0-31所示，在【页面布局】选项卡中单击【分隔符】下拉按钮，在弹出的下拉列表中选择【删除分页符】选项，删除页面中原有的分页符。

图 0-31

可以看到页面分页，在【分页预览】模式下，显示的是一根蓝色的粗线(见图0-32)，拖动这根蓝线，即可手动调整分页打印的位置。

Excel 从小白到小能手

	A	B	C	D	E
1	编号 ▼	姓名 ▼	岗位 ▼	邮箱 ▼	手机号 ▼
2	442332	凌祯	运营喵		
3	358056	qingjiba	其他		
4	238875	yukpublic	市场鸡		
5	348901	白姗	产品汪		
6	343566	毕瑶	其它		
7	431585	蔡粤宁	产品汪		
8	195324	曹磊	其他		
9	305126	常思晗	运营喵		
10	180568	常先堂	运营喵		

图 0-32

删除之前的分页符后，插入分页符，注意，表格的页数是以蓝线进行分割的。

表姐提示

还可以通过【插入分页符】按钮，在你需要分页打印的位置，插入分页符哈~

本节基础知识导学介绍完毕。我们重点介绍了Excel操作界面，快捷键使用方法，同时采用实例教大家养成学习Excel工具的良好习惯，例如冻结窗口、文档保护、打印界面设置等基础性操作方法，为后续的可视化界面提供知识储备。

本书后续内容均是干货满满，凝练表姐的多年工作总结成果，赶快步入您的Excel之旅吧！

第一篇

四招把你的数据源变清爽

第1章

快速填充功能到底有多牛

Boss

"关关，把这份"千人大会"的客户联系表整理一下，归档到客户联系簿中。并且打印一份给我，最好隔行给我设置下底纹颜色，免得我看串行了（见图1-1）。"

关关

"好嘞！这就去办。"
"来跟着我左手右手一个慢动作，【Ctrl+C】和【Ctrl+V】一小会儿，配合格式刷，节奏非常好。"

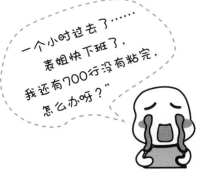

	A
1	客户信息
2	三节课-www.sanjieke.cn-表姐
3	百度-www.baidu.com-凌祯
4	淘宝-www.taobao.com-邹新文
5	腾讯-www.qq.com-李明
6	网易-www.163.com-翁国栋

客户	网址	联系人
三节课	www.sanjieke.cn	表姐
百度	www.baidu.com	凌祯
淘宝	www.taobao.com	邹新文
腾讯	www.qq.com	李明
网易	www.163.com	翁国栋

图 1-1

一个小时过去了……
表姐快下班了，
我还有700行没有粘完，
怎么办呀？

快速填充

分分钟整理数据源，
早早下班。
表格一键美化法宝
Super超级表！

作为客户经理而言，客户信息的格式化整理是一项必备技巧，若采用关关的笨办法进行客户信息整理，不仅费时费力，而且出错率较高。

本节表姐将介绍 "快速填充"和快捷键【Ctrl+E】的使用方法，不仅让您客户信息按照特定的规则展示，而且通过引入"超级表"功能，令你的数据清爽明晰和高端美观并存。数据轻松整理，无须为加班担忧，赶快学起来吧！

1.1 文本快速填充

1. 打开 Excel，完成文本拆分快速填充

打开图书配套的Excel示例源文件，找到"1.1快速填充功能到底有多牛"文件。在表中我们发现，A列包含网站名称和网址两部分内容。如果用手工复制粘贴，或者用函数的方法来做拆分，会非常复杂。但是Excel 2016（Windows系统下）提供了快速填充功能。只需一个快捷键，轻松就能搞定！

（1）在B2单元格，写上我们要拆分的网站名称"三节课"。

（2）选择【B2：B8】单元格区域，按住快捷键【Ctrl+E】，即可快速完成下面其他单元格的"网站"拆分，完成快速填充（见图1-2）。

B2		X ✓ fx	三节课			
	A	B	C	D	E	F
1	网址	网站	联系人	手机号	组合	姓名：手机号
2	三节课www.sanjieke.cn	三节课	表姐	1324227	三节课-表姐-132 2519	表姐：132****2519
3	百度www.baidu.com	百度	凌领	1551101		
4	淘宝www.taobao.com	淘宝	邹新文	1362107		
5	腾讯www.qq.com	腾讯	李明	1561201		
6	网易www.163.com	网易	翁国栋	1361301		
7	智联招聘www.zhaopin.com	智联招聘	康书	1331101		
8	58同城www.58.com	58同城	孙坛	1316101		

图 1-2

2. 文本组合快速填充

快速填充不仅支持一堆数据的拆分，还支持不同数据的组合及各种变换。

比如，在E列中需要完成：网站-联系人-手机号的组合，只需在这列数据的第一行（E2单元格），先录入这个规则的组合效果，即"三节课-表姐-13242272519（说明，数据均为模拟数据）"。写完这个规则以后，即可启用"快速填充功能"，帮助我们完成后面的数据整理。

（1）选中【E2】单元格，将鼠标停留在【E2】单元格的右下角，当鼠标变成【+】填充句柄形状时，双击鼠标左键（见图1-3）。

	A	B	C	D	E	F
	网址	网站	联系人	手机号	组合	姓名：手机号
	三节课www.sanjieke.cn	三节课	表姐	132　519	三节课-表姐-132　519	表姐：132****2519
	百度www.baidu.com	百度	凌祯	155　819		
	淘宝www.taobao.com	淘宝	邹新文	136　519		
	腾讯www.qq.com	腾讯	李明	156　419		
	网易www.163.com	网易	翁国栋	136　319		
	智联招聘www.zhaopin.com	智联招聘	康书	133　819		
	58同城www.58.com	58同城	孙坛	131　119		

图 1-3

（2）此时，表格将以默认格式（复制第一个单元格的内容）填充所选单元格区域（见图1-4）。

	A	B	C	D	E	F
	网址	网站	联系人	手机号	组合	姓名：手机号
	三节课www.sanjieke.cn	三节课	表姐	132　519	三节课-表姐-132　519	表姐：132****2519
	百度www.baidu.com	百度	凌祯	155　819	三节课-表姐-132　519	
	淘宝www.taobao.com	淘宝	邹新文	136　519	三节课-表姐-132　519	
	腾讯www.qq.com	腾讯	李明	156　419	三节课-表姐-132　519	
	网易www.163.com	网易	翁国栋	136　319	三节课-表姐-132　519	
	智联招聘www.zhaopin.com	智联招聘	康书	133　819	三节课-表姐-132　519	
	58同城www.58.com	58同城	孙坛	131　119	三节课-表姐-132　519	

图 1-4

（3）将鼠标滑动到填充区域最后一个单元格的右下角→打开【自动填充选项】列表→选中【快速填充】单选按钮，即可完成其他数据组合的快速填充（见图1-5）。

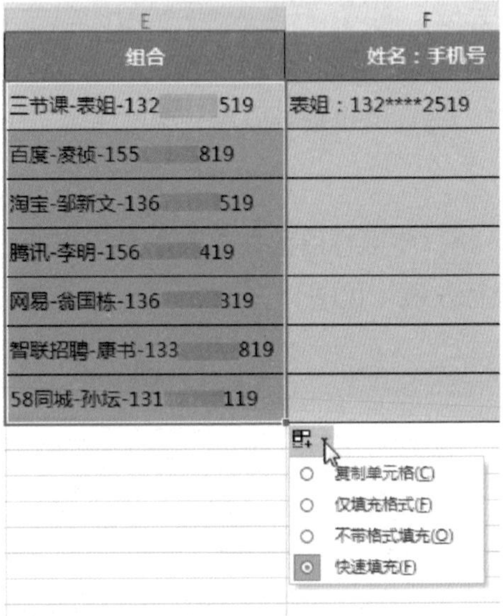

组合		姓名：手机号
三节课-表姐-132	519	表姐：132****2519
百度-凌祯-155	819	
淘宝-邹新文-136	519	
腾讯-李明-156	419	
网易-翁国栋-136	319	
智联招聘-康书-133	819	
58同城-孙坛-131	119	

○ 复制单元格(C)
○ 仅填充格式(F)
○ 不带格式填充(O)
◉ 快速填充(F)

图 1-5

3.快速填充【姓名：手机号】

除了拆分和组合功能以外，快速填充功能，还能轻松实现数据源表中的文字更改，比如，为手机号中间4位"打码"，即更改为****。

（1）选中【F2】单元格，将鼠标停留在【F2】单元格的右下角，当鼠标变成【+】填充句柄时，双击鼠标左键，完成快速填充（见图1-6）。

（2）将鼠标滑动到最后一个单元格的右下角→选中【自动填充选项】列表中的【快速填充】单选按钮，即可完成（见图1-7）。

姓名：手机号
表姐：132****2519
表姐：132****2520
表姐：132****2521
表姐：132****2522
表姐：132****2523
表姐：132****2524
表姐：132****2525

图 1-6

姓名：手机号
表姐：132****2519
凌祯：155****0819
邹新文：136****2519
李明：156****0419
翁国栋：136****0319
康书：133****0819
孙坛：131****1119

○ 复制单元格(C)
○ 填充序列(S)
○ 仅填充格式(F)
○ 不带格式填充(O)
◉ 快速填充(F)

图 1-7

表姐提示

进行快速选择连续的单元格区域时，可以先选中开始的第一个单元格，然后按住【Shift】键，再直接点选你要选中区域的最后一个单元格，即可快速选中整片连续的区域。如果要选择不连续的区域，只需将上述的快捷键改为【Ctrl】键即可。

1.2 "千人大会"数据快速分隔整理

例如本节开始，老板布置给阿飞的任务表格，其实用"快速填充"功能，就能马上完成。我们只需在A列"客户信息"后面的B、C、D、E列的第一行，分别写上我们要拆分的数据规则即可。比如：

A2单元格的客户信息是：三节课-www.sanjieke.cn-表姐-13242272519

只需在下列单元格中，依次录入以下内容：

B2：三节课

C2：www.sanjieke.cn

D2：表姐

E2：13242272519

后面的1000多行数据，就交给Excel的快速填充功能，具体操作如下：

打开"1.1分列"表，依次选中B3、C3、D3、E3单元格➞按快捷键【Ctrl+E】，即可实现快速填充（见图1-8）。

客户信息	客户	网址	联系人	电话
三节课-www.sanjieke.cn-表姐-13242272519	✚节课	www.sanjieke.cn	表姐	132▦▦519
百度-www.baidu.com-凌祯-15511010819	百度	www.baidu.com	凌祯	155▦▦819
淘宝-www.taobao.com-邹新文-13621072519	淘宝	www.taobao.com	邹新文	136▦▦519
腾讯-www.qq.com-李明-15612010419	腾讯	www.qq.com	李明	156▦▦419
网易-www.163.com-翁国栋-13613010319	网易	www.163.com	翁国栋	136▦▦319
智联招聘-www.zhaopin.com-康书-13311010819	智联招聘	www.zhaopin.com	康书	133▦▦819
58同城-www.58.com-孙坛-13161011119	58同城	www.58.com	孙坛	131▦▦119

图 1-8

但是完成后的表（见图1-8）的颜值却不高呀，我们平时在工作时，最好站在看表热的角度，对表格进行优化后，再提交给领导。比如，可以为它"美颜"，让数据更清晰的同时，也避免看表人在浏览多行数据时，一不小心，看串行了。

用超级表，快速完成格式填充

（1）将鼠标停留在表格区域中任意有字单元格内，比如：B2单元格➞单击【开始】选项卡➞单击【套用表格格式】下拉按钮➞在下拉列表中选择一个你喜欢的格式类型（见图1-9）。

（2）此时，Excel会弹出【套用表格式】对话框➞在表中选择【表数据的来源】位置已经把刚刚选择的B2单元格，向四周扩散的所有连续的单元格区域都选上了，即$A$1:$E$8（见图1-9中粉色底纹位置区域）➞单击【确定】按钮（见图1-10），即可完成表格格式的套用（见图1-11）。

（3）套用后，我们不难发现，表格的标题自动加粗了，而且下面的明细行，也呈现出一行有底纹、一行无底纹的效果。在我们查看数据时，非常方便，还能避免看串行。

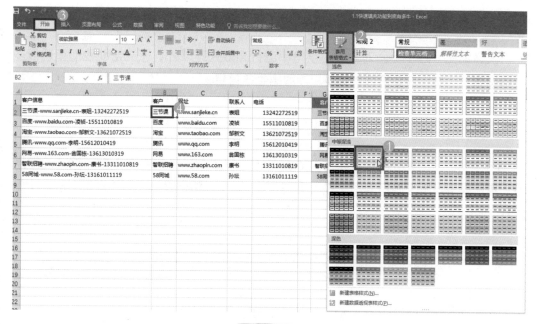

图 1-9

图 1-10

客户信息	客户	网址	联系人	电话
三节课-www.sanjieke.cn-表姐-132___519	三节课	www.sanjieke.cn	表姐	13242272519
百度-www.baidu.com-凌祯-155___819	百度	www.baidu.com	凌祯	15511010819
淘宝-www.taobao.com-邹新文-136___519	淘宝	www.taobao.com	邹新文	13621072519
腾讯-www.qq.com-李明-156___419	腾讯	www.qq.com	李明	15612010419
网易-www.163.com-翁国栋-136___319	网易	www.163.com	翁国栋	13613010319
智联招聘-www.zhaopin.com-康书-133___819	智联招聘	www.zhaopin.com	康书	13311010819
58同城-www.58.com-孙坛-131___119	58同城	www.58.com	孙坛	13161011119

图 1-11

1.3 快速填充的进阶应用

快速填充，除了上面对文本、字符串进行高效处理以外，还能帮助我们整理很多数据信息。比如，从身份证号码中，读取出生年月日。

☞ **1. 快速填充应用：提取身份证号码的信息**

（1）打开"2身份证号取年月"表，在【生日】列第一行中输入相应格式的数据值，本例以【表姐】生日为例，输入【19860830】→将格式选择为【常规】选项（见图1-12）。

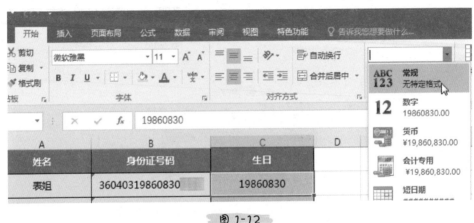

图 1-12

（2）选中【C2】单元格，将鼠标停留在【C2】单元格的右下角，当鼠标变成【＋】十字句柄时，快速单击，此时表格将快速以默认（复制）格式填充好（见图1-13）。

（3）将鼠标滑动到最后一个单元格的右下角→选中【自动填充选项】列表中的【快速填充】单选按钮，即可使用快速填充的功能，取出每个员工的身份证号中的出生年月日（见图1-14）。

☞ **2. 完成地区地址的快速填充**

对于快递地址，想要快速解析出省份、城市、地区，也可以使用快速填充功能。

姓名	身份证号码	生日
表姐	360403198608	19860830
凌祯	110108197812	19860830
邹新文	432321198212	19860830
李明	370102196804	19860830
翁国栋	110108198204	19860830
康书	110105197608	19860830
孙坛	422725197707	19860830
张一波	110108198210	19860830
马鑫	210725197005	19860830
倪国梁	120104196211	19860830
程桂刚	130103198112	19860830
陈希龙	110108197109	19860830
李龙	610111197511	19860830
桑玮	110108196909	19860830
张娟	350702198308	19860830
杜志强	412724198008	19860830
史伟	420106197906	19860830
张步青	230102196006	19860830
吴姣姣	110102198210	19860830
任隽芳	110102198212	19860830

图 1-13

B	C	D	E	F
身份证号码	生日			
3198608307323	19860830			
8197812013870	19781201			
1198212255319	19821225			
2196804201871	19680420			
8198204173516	19820417			
5197608251429	19760825			
5197707194510	19770719			
8198210296215	19821029			
5197005176153	19700517			
4196211113458	19621111			
3198112071443	19811207			
8197109262479	19710926			
1197511021523	19751102			
8196909273422	19690927			
2198308100116	19830810			
4198008301432	19800830			
6197906176512	19790617			
2196006163638	19600616			
2198210160798	19821016			
2198212041124	19821204			

复制单元格(C)
填充序列(S)
仅填充格式(F)
不带格式填充(O)
快速填充(F)

图 1-14

打开“3地址处理”表，不难发现A列中的数据，其实是有规律的，每个省份后面，紧跟着的是城市和区县，因此，在B2单元格中，先写上第一个规律，即“北京-北京市-朝阳区”，然后选中【B2：B8】单元格，→按快捷键【Ctrl+E】即可完成其他省市地区的快速填充（见图1-15）。

地址	省市区
广东深圳市宝安区人民路1268号	广东-深圳市-宝安区
江西九江市开发区浔阳路6号	江西-九江市-开发区
湖北武汉市开发区广场东路333号	湖北-武汉市-开发区
湖南长沙市芙蓉区前进东路345号	湖南-长沙市-芙蓉区
广东广州市黄浦区黄埔大道988号	广东-广州市-黄浦区
河北廊坊市学府区学院路3号	河北-廊坊市-学府区

图 1-15

1.4 表格的快速美化

利用快速填充的功能，我们已经将"千人大会"的客户信息表整理好了，在交给领导之前，我们再检查一下格式，比如，给它做个快速美化——快速套用表格格式。

打开"4超级表"表，将鼠标停留在任意有效单元格内→单击【开始】选项卡→单击【套用表格格式】下拉按钮，在下拉列表中选择一个你喜欢的颜色样式即可。（见图1-16。）

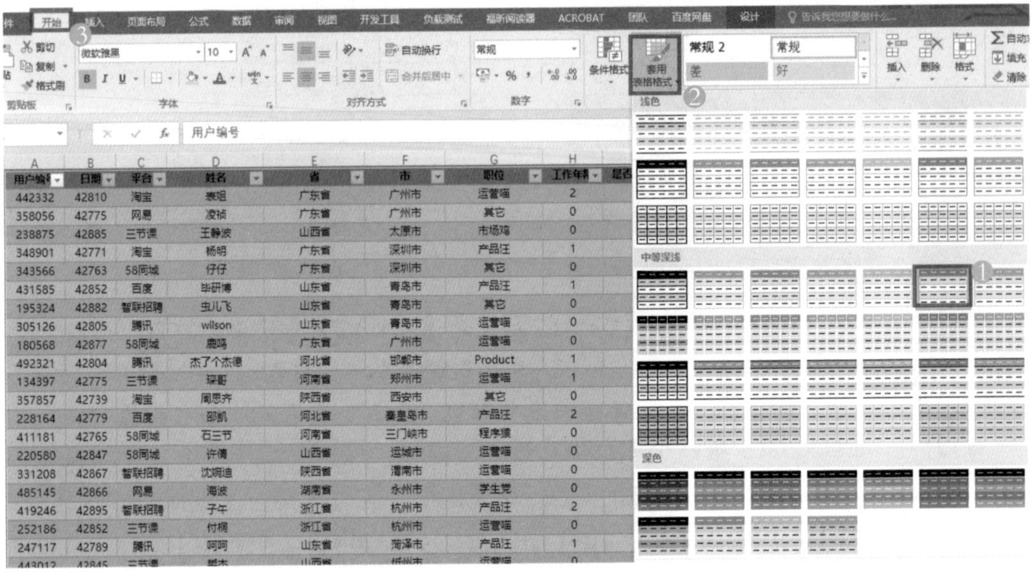

图 1-16

为了区分于普通的表格区域，表姐把这种套用了"表格格式"，顶部有"表格工具"选项卡的表，称为"超级表"。

最后，我们再检查一下，B列的日期是一串数字，选中B列，单击【开始】选项卡→将数值格式更改为【短日期】，这样它就能正常显示了（见图1-17）。

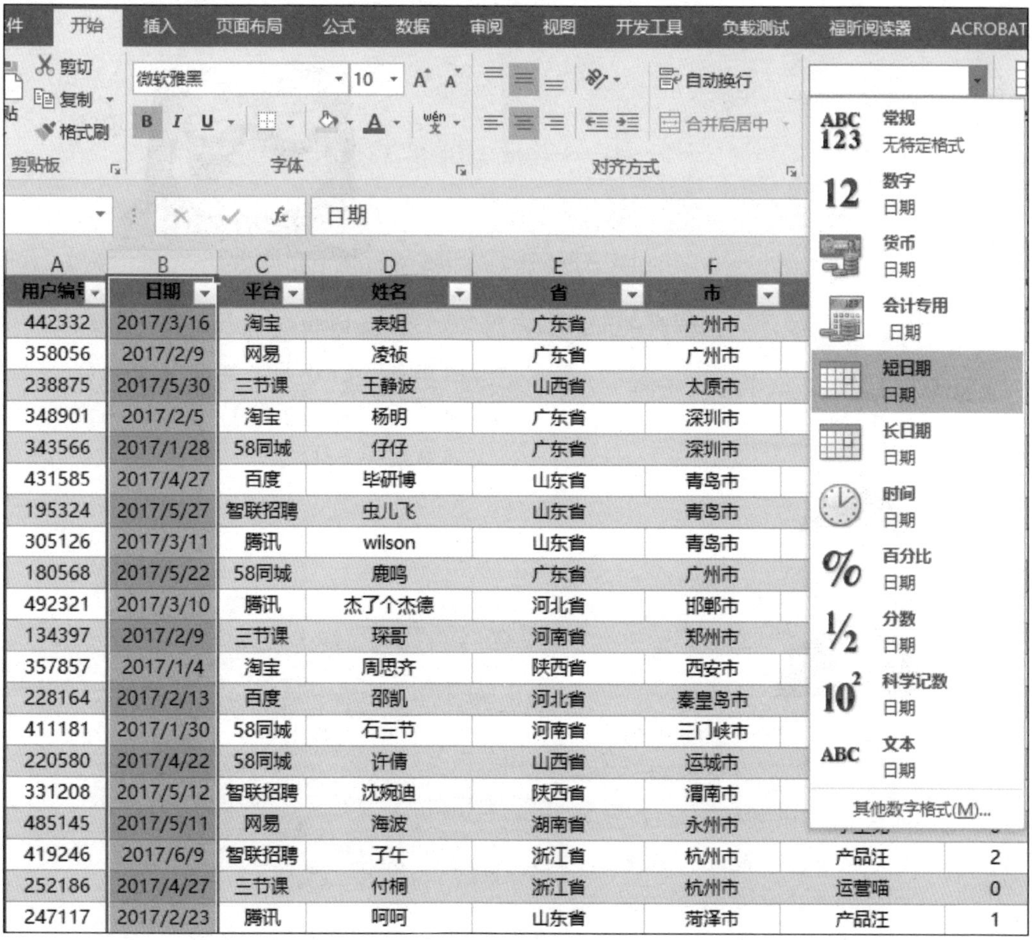
件
开始
插入
页面布局
公式
数据
审阅
视图
开发工具
负载测试
福昕阅读器
ACROBAT
剪切
复制
贴
格式刷
剪贴板
微软雅黑
10
字体
自动换行
合并后居中
对齐方式
日期
A B C D E F
用户编号 日期 平台 姓名 省 市
442332 2017/3/16 淘宝 表姐 广东省 广州市
358056 2017/2/9 网易 凌祯 广东省 广州市
238875 2017/5/30 三节课 王静波 山西省 太原市
348901 2017/2/5 淘宝 杨明 广东省 深圳市
343566 2017/1/28 58同城 仔仔 广东省 深圳市
431585 2017/4/27 百度 毕研博 山东省 青岛市
195324 2017/5/27 智联招聘 虫儿飞 山东省 青岛市
305126 2017/3/11 腾讯 wilson 山东省 青岛市
180568 2017/5/22 58同城 鹿鸣 广东省 广州市
492321 2017/3/10 腾讯 杰了个杰德 河北省 邯郸市
134397 2017/2/9 三节课 琛哥 河南省 郑州市
357857 2017/1/4 淘宝 周思齐 陕西省 西安市
228164 2017/2/13 百度 邵凯 河北省 秦皇岛市
411181 2017/1/30 58同城 石三节 河南省 三门峡市
220580 2017/4/22 58同城 许倩 山西省 运城市
331208 2017/5/12 智联招聘 沈婉迪 陕西省 渭南市
485145 2017/5/11 网易 海波 湖南省 永州市
419246 2017/6/9 智联招聘 子午 浙江省 杭州市 产品汪 2
252186 2017/4/27 三节课 付桐 浙江省 杭州市 运营喵 0
247117 2017/2/23 腾讯 呵呵 山东省 菏泽市 产品汪 1
ABC 123 常规 无特定格式
12 数字 日期
货币 日期
会计专用 日期
短日期 日期
长日期 日期
时间 日期
% 百分比 日期
½ 分数 日期
10² 科学记数 日期
ABC 文本 日期
其他数字格式(M)...

图 1-17

【本节小结】

通过本章学习，我们将利用“快速填充”功能实现数据信息格式化填充，“十字句柄”和快捷键【Ctrl+E】的介绍，令你的数据信息在无须任何代码技巧下实现指定格式填充。同时学习“超级表”的使用技巧，实现表格“一键美颜”。

除了客户信息整理可以应用本章节知识点外，类似学生成绩信息整理，商品货物信息整理等相关信息化整理场景均可以使用本章所学。因此，针对格式化数据类型，巧用快捷键【Ctrl+E】，利用快速填充的方式实现数据快速格式化——你值得拥有！

第2章

后台数据乱糟糟，快用分列123

Boss

老板给关关发了一封邮件，原来是"IT小哥"给他导出的后台数据（见图2-1），要让关关立刻转成Excel表！

关关

关关一看，心头一惊：IT小哥给的后台数据，可是TXT格式的。我这一个个的复制、粘贴，恐怕不行吧？这还有好多空白行，要一个个删除……除了复制粘贴、手动删除以外，我还能怎么办？

```
📄 *1.2txt后台数据.txt - 记事本
文件(F)  编辑(E)  格式(O)  查看(V)  帮助(H)
ID;关注日期;姓名;省;市;职位;工作年限;是否为付费用户;得分
44232159148062436153615;42810;CHUN;广东省;广州市;运营喵;2;否;5
35805615526106595831;42775;张磊;广东省;广州市;其它;0;否;6
23887515096553490514;42885;王静波;河北省;邯郸市;市场鸡;0;否;9
34890113878033234630;42771;杨明;广东省;深圳市;产品汪;1;否;8
34356613353493421470;42763;仔仔;广东省;深圳市;其它;0;否;9
43158513211541544951;42852;毕研博;山东省;青岛市;产品汪;1;否;6
19532413821355264555;42882;虫儿飞;山东省;青岛市;其它;0;否;7
30512613775623612192;42805;wilson;山东省;青岛市;运营喵;0;否;3
18056818056949492607;42877;鹿鸣;广东省;广州市;运营喵;0;是;10
49232118018070462256;42804;杰了个杰德;河南省;安阳市;Product;1;是;8
13439715238063862900;42775;琛夏;山东省;菏泽市;运营喵;1;是;8
35785718787346134534;42739;周思齐;山东省;潍坊市;其它;0;否;4
22816413293614927565;42779;邵凯;陕西省;渭南市;产品汪;2;否;4
41118113337168178391;42765;石三节;陕西省;西安市;程序猿;0;否;2

22058013889878522573;42847;许倩;湖北省;武汉市;运营喵;0;否;7
33120813658984429705;42867;沈婉迪;安徽省;南京市;运营喵;0;是;2
48514513398280805330;42866;海波;安徽省;亳州市;学生狗;0;否;10
41924613339450649385;42895;子午;浙江省;杭州市;运营喵;0;否;9
25218615660835135685;42852;付桐;浙江省;杭州市;运营喵;0;否;9
24711715031236904219;42789;呵呵;辽宁省;沈阳市;产品汪;1;是;6
```

图 2-1

Excel 可支持 TXT 数据的无缝导入

还能通过分列的方法，让它们乖乖听话哟！

众所周知，"txt"格式文件具有存储数据信息量大且占用空间小的特点，互联网平台导出数据多利用"记事本"打开这类数据，但其无法实现数据信息整理功能，若利用快捷键【Ctrl+C】（复制）和【Ctrl+V】（粘贴）放置Excel中，数据信息常常叠加在单个或者单列单元格中，也无法辨析重要数据信息。

本节表姐将手把手介绍Excel文本文件导入功能，实现"文本－表格"快速转换；运用"分列"工具，格式化文本内容。

数据巧导入，"坑"数无须愁，赶快跟表姐学习外部数据导入和"分列"工具吧！

2.1 后台数据的外部导入整理

👉 1. 打开 Excel，启用【自文本】工具

打开图书配套的Excel示例源文件，找到"1.2后台数据乱糟糟，快用分列123"文件，打开后，单击工具栏上的【数据】选项卡→单击【自文本】选项→弹出【导入文本文件】对话框（见图2-2）。

图 2-2

2. 开始外部文本导入

（1）在"导入文本文件"对话框中，找到素材文件中的"1.2txt后台数据"文件的存储位置，单击【导入】按钮（见图2-3）。

图 2-3

（2）在弹出的【文本导入向导-第1步，共3步】对话框中→单击【下一步】按钮（见图2-4）。

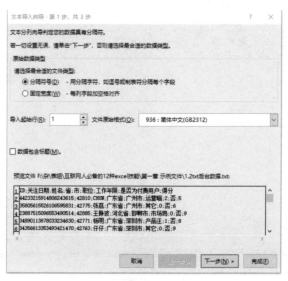

图 2-4

（3）弹出【文本导入向导-第2步，共3步】对话框→在【分隔符号】选项区域中勾选【其他】复选框并输入【；】→单击【下一步】按钮（见图2-5）（说明：在图2-2所示的素材中，数据源的各个数据列是以"；"隔开的，如果遇到其他分隔符号，比如，","、"、"、"|"等，只需输入实际的符号即可）。

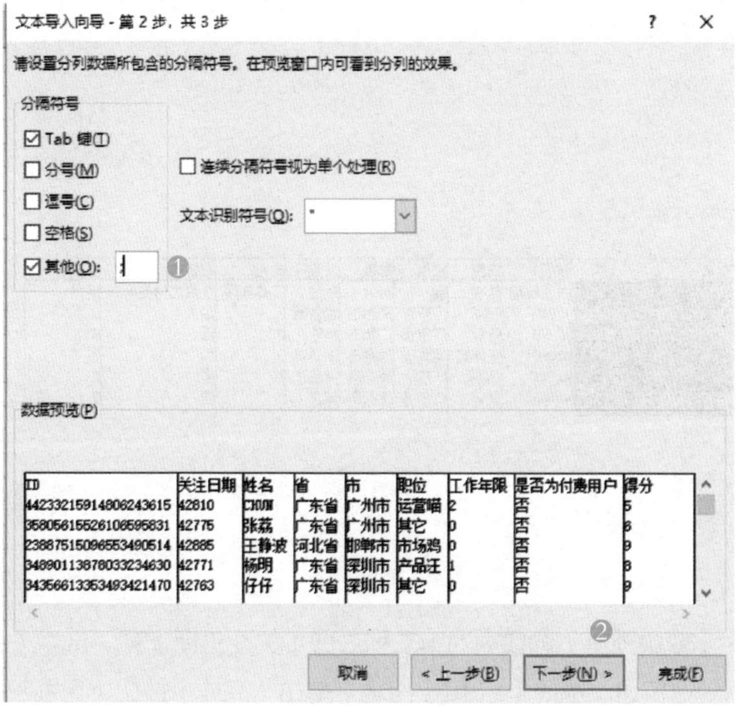

文本导入向导 - 第 2 步，共 3 步　　　　　　　　　　　　　　　？　✕

请设置分列数据所包含的分隔符号。在预览窗口内可看到分列的效果。

分隔符号

☑ Tab 键(T)

☐ 分号(M)　　☐ 连续分隔符号视为单个处理(R)

☐ 逗号(C)　　文本识别符号(Q)： "

☐ 空格(S)

☑ 其他(O)： ；❶

数据预览(P)

ID	关注日期	姓名	省	市	职位	工作年限	是否为付费用户	得分
44233215914806243615	42810	CROW	广东省	广州市	运营喵	2	否	5
35805615526106596831	42775	张荔	广东省	广州市	其它		否	8
23887515096553490514	42885	王静波	河北省	邯郸市	市场鸡	0	否	8
34890113678033234630	42771	杨明	广东省	深圳市	产品汪	1	否	8
34356613353493421470	42763	仔仔	广东省	深圳市	其它		否	3

❷

取消　　《上一步(B)　　下一步(N) 》　　完成(F)

图 2-5

（4）在弹出的【文本导入向导-第3步，共3步】对话框中→在【数据预览】区域中，选中第一列，即【ID】列→设置该列的【列数据格式】为【文本】（见图2-6）。

表姐提示

在【文本导入向导-第3步，共3步】对话框中ID设置选择为文本格式的原因是：当单元格中为纯数字型字符串且超过15位时，为避免其以"科学计数法"格式显示，因此我们将该列单元格修改成"文本"格式。

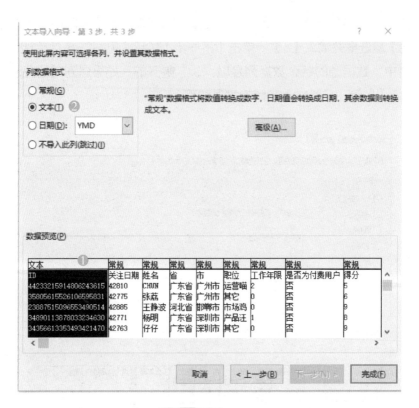

图 2-6

（5）选中【数据预览】选项中的第二列，即【关注日期】列 → 选中【列数据格式】中的【日期】单选按钮 → 选择【YMD】格式 → 单击【完成】按钮（见图2-7）。

表姐提示

当日期格式数据采用【自文本】方式导入时，默认以"常规"格式显示，也就是一串数字，比如，42810。我们可以将日期列数据格式修改成为"日期"，并可根据需求设定日期显示方式。

（6）在弹出的【导入数据】对话框中选择【数据的放置位置】，本示例以【现有工作表】为例，单击任意一个单元格，比如，'1导入txt后台数据'Sheet表中A1单元格（见图2-8）→ 单击【确定】按钮。这样，在Excel中就出现了我们导入的txt格式的数据（见图2-9）。

Excel 从小白到小能手

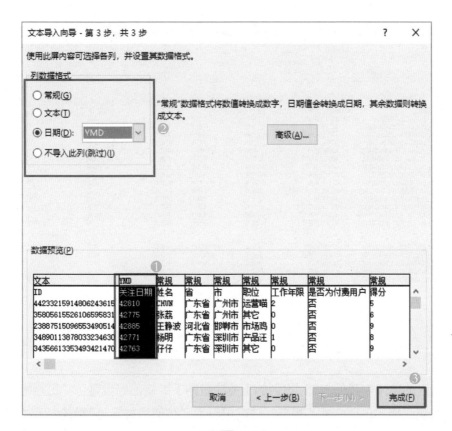

图 2-7

图 2-8

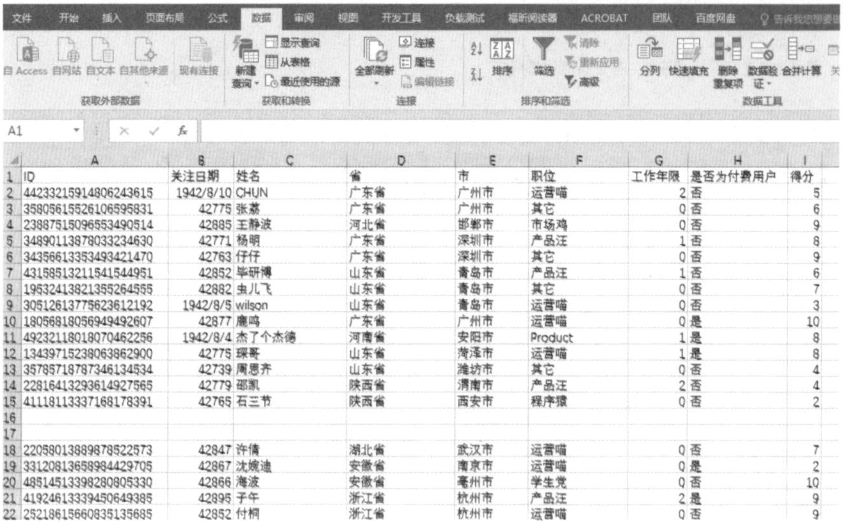

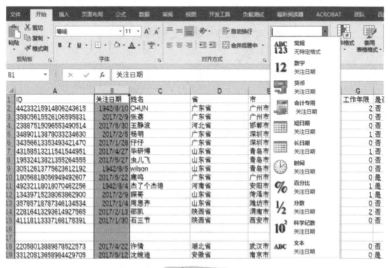

图 2-9

3. 表格格式整理

在导入的结果中我们发现，B列的【关注日期】即使已经设置了"日期格式"，但仍有部分单元格的日期格式不规范，依旧显示为"数值格式"。只需选中【关注日期】B列→在【开始】选项卡中更改单元格显示规则→在【数字】功能组中选择【短日期】即可（见图2-10）。

图 2-10

4. 快速定位选择，删除无效数据

再次检查已导入的数据，发现有很多空白行存在。我们给它整理一下，批量删除表格中的空白行。

（1）选中A1单元格，按快捷键【Ctrl+Shift+↓】，快速选中A列所有的单元格。

（2）选中后，单击【开始】选项卡的【查看和选择】下拉按钮→选择【定位条件】选项（见图2-11）（或者使用快捷键【Ctrl+G】或者【F5】键，都可以启动【定位条件】对话框）。

图 2-11

（3）在弹出的【定位条件】对话框中选中【空值】单选按钮（见图2-12）。

图 2-12

（4）单击【确定】按钮后，Excel将选择列中的空值全部选中（见图2-13）。

	A	B	C	D	E	F	G	H	I
1	ID	关注日期	姓名	省	市	职位	工作年限	是否为付费用户	得分
2	44233215914806243615	1942/8/10	CHUN	广东省	广州市	运营喵	2	否	5
3	35805615526106595831	2017/2/9	张荔	广东省	广州市	其它	0	否	6
4	23887515096553490514	2017/5/30	王静波	河北省	邯郸市	市场鸡	0	否	9
5	34890113878033234630	2017/2/5	杨明	广东省	深圳市	产品汪	1	否	8
6	34356613353493421470	2017/1/28	仔仔	广东省	深圳市	其它	0	否	9
7	43158513211541544951	2017/4/27	毕研博	山东省	青岛市	产品汪	1	否	6
8	19532413821355264555	2017/5/27	虫儿飞	山东省	青岛市	其它	0	否	7
9	30512613775623612192	1942/8/5	wilson	山东省	青岛市	运营喵	0	否	3
10	18056818056949492607	2017/5/22	鹿鸣	广东省	广州市	运营喵	0	是	10
11	49232118018070462256	1942/8/4	杰了个杰德	河南省	安阳市	Product	1	是	8
12	13439715238063862900		琛哥	山东省	菏泽市	其它	1	是	8
13	35785718787346134534	2017/1/4	周思齐	山东省	潍坊市	其它	0	否	4
14	22816413293614927565	2017/2/13	邵凯	陕西省	渭南市	产品汪	2	否	4
15	41118113337168178391	2017/1/30	石三节	陕西省	西安市	程序猿	0	否	2
16									
17									
18	22058013889878522573	2017/4/22	许倩	湖北省	武汉市	运营喵	0	否	7
19	33120813658984429705	2017/5/12	沈婉迪	安徽省	南京市	运营喵	0	是	2
20	48514513398280805330	2017/5/11	海波	安徽省	亳州市	学生党	0	否	10
21	41924613339450649385	2017/6/9	子午	浙江省	杭州市	运营喵	2	是	9
22	25218615660835135685	2017/4/27	付桐	浙江省	杭州市	运营喵	0	否	9
23	24711715031236904219	2017/2/23	呵呵	辽宁省	沈阳市	产品汪	1	是	6

图 2-13

（5）此时，右击，在弹出的快捷菜单中选择【删除】命令（见图2-15）。

图 2-14

（6）在弹出的【删除】对话框中→选中【整行】单选按钮（见图2-15）→单击【确定】按钮，即可完成对"已经选定的空白行"整行删除。

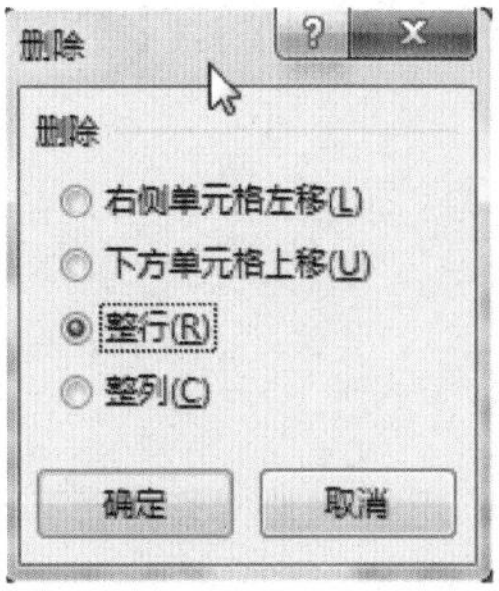

图 2-15

2.2 用分列方法整理数据源

前面的TXT文件，后台数据分列在一列多行上，我们可以直接关联到Excel中。但是，如果拿到的数据，没有用【Enter】键换行，而是全部堆在一起了。这时候，还能用分列来操作吗？比如，要把图2-16中的邮件信息，整理成邮件列表。要求：姓名、邮箱分列在2列中。

文件(F) 编辑(E) 格式(O) 查看(V) 帮助(H)
凌祯（balicexu@163.VIP.com）；王知非（balisongwbang@163.VIP.com）；毕瑶（bambancfbabi@163.VIP.com）；殷峻（bancfreyin@163.VIP.com）；刘芳（bazenbaliu@163.VIP.com）；程铖（BLOG-T）（bebautycheng@163.VIP.com）；吴彬（bingowu@163.VIP.com）；杨冰霜（bingshubangybang@163.VIP.com）；王飞（blbackwf@163.VIP.com）；陶俊珍（bonnietbao@163.VIP.com）；何谐（bowiehe@163.VIP.com）；赵波（FOCUS-TUbaN）（bozhbao@163.VIP.com）；陈媒（Focus）（chencfie@163.VIP.com）；陈声伟（chenshengwei@163.VIP.com）；镡春磊（chunleitban@163.VIP.com）；张春蕾（chunleizhbang@163.VIP.com）；梁春元（chunyubanlibang@163.VIP.com）；凌可迅（cocoxu@163.VIP.com）；葛翠翠（cuicuige@163.VIP.com）；郭慧静（cfbaisyguo@163.VIP.com）；杨迪（cfiybang@163.VIP.com）；秦东亮（cfonglibangqin@163.VIP.com）；韩丽妍（ellbahban@163.VIP.com）；关芳（fbangguban@163.VIP.com）；杨帆（ENT）（fbanybang@163.VIP.com）；康飞（feikbang@163.VIP.com）；费燕（feikybang@163.VIP.com）；姜峰（fengjibang@163.VIP.com）；黄鹏飞（flyhubang@163.VIP.com）；刘浩（forrestliu@163.VIP.com）；付凯（fukbai@163.VIP.com）；王福丽（fuliwbang@163.VIP.com）；李福全（fuqubanli@163.VIP.com）；高航（gbaohbang@163.VIP.com）；卫鸽（geweiy@163.VIP.com）；于婷婷（grbaceyu@163.VIP.com）；魏广超（gubangchbaowei@163.VIP.com）；刘海超（hbaichbaoliu@163.VIP.com）；张皓（hbaozhbang@163.VIP.com）；李朋（MTC）（hbaycfnli@163.VIP.com）；黄杰（hj@163.VIP.com）；黄瀛緫（hubangyingsi@163.VIP.com）；王简（iriswbang@163.VIP.com）；张勇（WM）（jbayzhbang@163.VIP.com）；杜娟（ENT）（jessiecfu@163.VIP.com）；王嘉楠（jibanbanwbang@163.VIP.com）；姜丰华（jibangfh@163.VIP.com）；姜卫斌（jibangwb@163.VIP.com）；蒋玉珍（jieyoulibang@163.VIP.com）；宋佳（WM）（jibasong@163.VIP.com）；解友亮（jieyoulibang@163.VIP.com）；王继龙（jilongwbang@163.VIP.com）；吴金丹（jincfbanwu@163.VIP.com）；杨静超（jingchbaoybang@163.VIP.com）；史静（jingshi@163.VIP.com）；郭静怡（jingyiguo@163.VIP.com）；王菁（WM）（jingzxmwbang@163.VIP.com）；沙金猛（jinmengshba@163.VIP.com）；梁俊方（junfbanglibang@163.VIP.com）；李俊强

图 2-16

👉 1. 打开 Excel，粘贴相应的文本

打开"2利用分列处理邮件清单"，我们先将【1.2txt后台数据-2】中的文件，复制并粘贴到"2利用分列处理邮件清单"Excel文件的A1单元格中（见图2-17）。

仔细观察图2-17中的数据，不难发现，每个人的姓名之后，用一对括号（）括起了邮箱。在两个人员的信息之间，用分号"；"进行分隔。我们要对数据进行拆分处理，可以使用【分列】功能，进行高效整理。

图 2-17

2. 文本的分列处理

（1）选中第一列→单击【数据】选项卡→单击【分列】按钮（见图2-18）。

图 2-18

（2）在弹出的【文本分列向导-第1步，共3步】对话框中→选中【分隔符号】单选按钮→单击【下一步】按钮（见图2-18）。

（3）弹出【文本分列向导-第2步，共3步】对话框→勾选【分隔符号】选项区域中的【其他】复选框并输入【；】（见图2-20）。

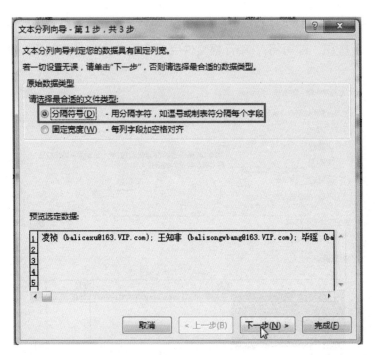

图 2-19

图 2-20

（4）单击【下一步】按钮 → 弹出【文本分列向导-第3步，共3步】（见图2-21）
→ 单击【完成】按钮，即可将A1单元格文件完成数据分列，最终效果如图2-22所示。

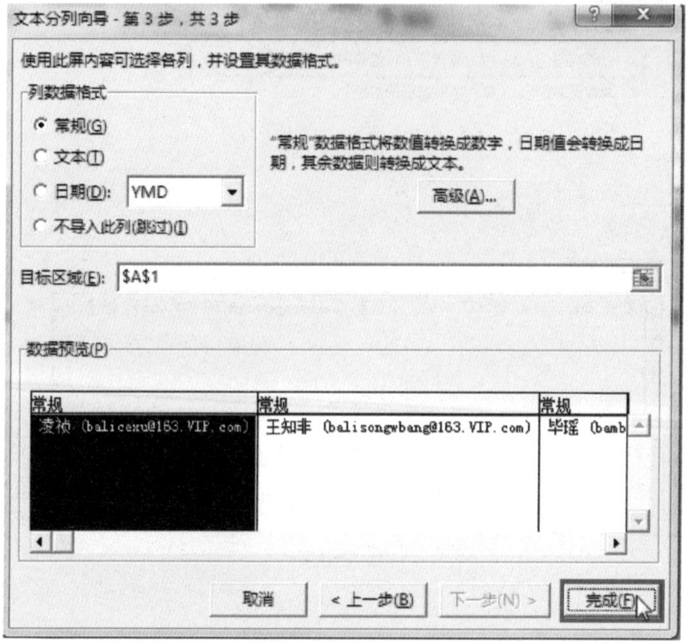

图 2-21

图 2-22

☞ 3. 转置处理

下面只需将横着放的人员及邮箱信息，全选上，然后给它们【转置】为列表即可。
具体操作步骤如下：

（1）选中A1单元格→按快捷键【Ctrl+→（方向键的右键）】，即可快速选中这一行中所有连续的单元格区域。

（2）按快捷键【Ctrl+C】，快速复制选中单元格→鼠标选中A4单元格后→右击，在弹出的快捷菜单中→选择【粘贴选项】（见图2-23）→【转置粘贴】命令（见图2-24）。

图 2-23

图 2-24

4.转置后的文件分列

（1）再次选中A列→单击【数据】选项卡→单击【分列】按钮（见图2-25）。

（2）在弹出的【文本分列向导-第1步，共3步】对话框中→选中【分隔符号】单选按钮（见2-26）→单击【下一步】按钮→在【文本分列向导-第2步，共3步】对话框中→勾选【分隔符号】中的【其他】复选框，并输入【 】（输入一个空格符。因为姓名前面冗余的空格符，以及姓名和邮箱地址之间的分隔符，它们都是空格）→单击【下一步】按钮（见图2-27）。

（3）在【文本分列向导-第3步，共3步】对话框中→选中【列数据格式】区域中【不导入此列（跳过）】单选按钮，将第一列空白列去掉（见图2-28）。

图 2-25

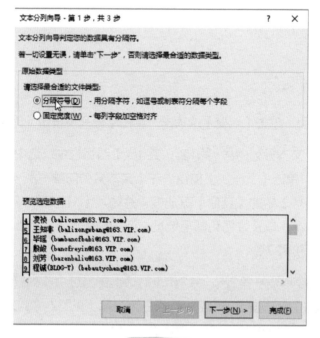

图 2-26

Excel 从小白到小能手

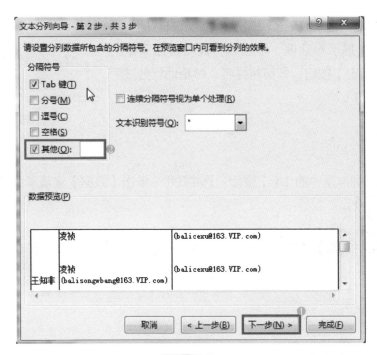

图 2-27

图 2-28

（4）单击【完成】按钮→弹出【此处已有数据。是否替换它？】提示对话框，在这里，需要覆盖原来的列，单击【确定】按钮，即可将姓名、邮箱地址分成两列（见图2-29）。

图 2-29

☞ 5. 整理数据格式

（1）将B列数据中的【（】删除，选中B列→单击【数据】选项卡中的【分列】按钮（见图2-30）。

图 2-30

（2）弹出【文本分列向导-第1步，共3步】对话框→选中【分隔符号】单选按钮（同图2-26类似）→单击【下一步】按钮→弹出【文本分列向导-第2步，共3步】→勾选【分隔符号】区域中的【其他】复选框并输入【（】（见图2-31）。

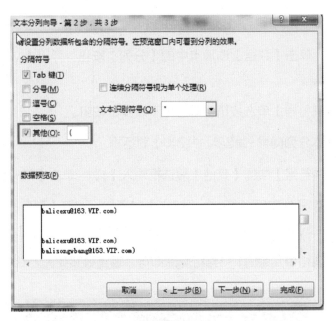

图 2-31

（3）单击【下一步】按钮 → 弹出【文本分列向导-第3步，共3步】对话框 → 选中【列数据格式】区域中的【不导入此列（跳过）】单选按钮将第一列空白列去掉（见图2-32）→ 单击【完成】按钮。

图 2-32

（4）按上述步骤，同理完成B列数据中的【）】删除：

① 选中B列→单击【数据】选项卡中的【分列】按钮→弹出【文本分列向导–第1步，共3步】对话框。

② 选中【分隔符号】单选按钮→单击【下一步】按钮。

③ 弹出【文本分列向导–第2步，共3步】对话框。

④ 勾选【分隔符号】中的【其他】复选框输入【）】→单击【下一步】按钮。

⑤ 弹出【文本分列向导–第3步，共3步】对话框→选择【列数据格式】中【不导入此列（跳过）】单选按钮将第一列空白列去掉→单击【完成】按钮。

⑥ 最后，将表格中冗余的1~3整行删除即可，最终效果如图2-33所示。

图 2-33

Excel 从小白到小能手

通过本节学习，我们学会了外部数据导入方式，多属性数据组分列功能，细心的小伙伴会发现，除"文本"格式数据外，"Access""网页 - 表格""SQL Server""XML"等格式数据也可以通过这样的方式导入。

这样的导入方式可以避免数据全部堆在一起，没有"分门别类"地放在各自独立的列中。同时也避免了为数据分析师需要对数据进行加工、统计、分析的时候挖"坑"。除了数据导入将数据进行分门别类外，"分列"功能也将令数据信息"乖乖地"分开，同时也可以剔除一些无用的信息列表。巧用"点点鼠标"技巧，解决数据信息叠加困扰。

第3章
数据验证法，有效治疗表格"疯"

Boss

关关，统计一下目前我们各地员工的位置、职位、性别情况，顺便告诉我咱们的女性产品经理一共多少人？

关关

关关立刻去人事部调了档案准备着手处理，结果当关关拿到数据源时，内心崩溃了。光是职位这一项，大家就填得千奇百怪：产品汪、产品狗、Product、产品经理……（见图3-1），这可怎么筛选出来，到底它们是干什么的？

姓名	省	市	职位
袁姐	广东省	广州市	运营喵
凌祯	广东省	广州市	其它
王静波	山西省	太原市	市场鸡
杨明	广东省	深圳市	产品汪
仔仔	广东省	深圳市	其它
毕研博	山东省	青岛市	产品汪
虫儿飞	山东省	青岛市	其它
wilson	山东省	青岛市	运营喵
鹿鸣	广东省	广州市	运营喵
杰了个杰德	河北省	邯郸市	Product
琛哥	河南省	郑州市	运营喵
周思齐	陕西省	西安市	其它
邵凯	河北省	秦皇岛市	产品汪
石三节	河南省	三门峡市	程序猿
许倩	陕西省	运城市	运营喵
沈婉迪	陕西省	渭南市	运营喵
海波	湖南省	永州市	学生党
子午	浙江省	杭州市	产品汪
付桐	浙江省	杭州市	运营喵

图3-1

关关看到这里，内心是崩溃的，不禁呼喊道："表姐快救我，快告诉我应该如何整理！！！"

数据有效性
有效治疗表格"疯"！

本节导入

　　俗话说"一千个读者就有一千个哈姆雷特"，在收集汇总各类信息时，五花八门式的填报结果是最令人头疼的。为有效解决表格"疯"，本节表姐带领大家学习新技能——在 Excel 2003—2010 版本中，翻译为"数据有效性"，在 Excel 2013 及以上的版本中，翻译为"数据验证"。这项功能可限定填写内容类别，有效避免了凌乱填写的结果，同时"双重数据有效性"验证具有实现逐级内容限定的特色，听起来不错吧，赶快跟着表姐进入本章知识要点学习吧！

3.1　获取详细种类名称

　　首先要确认，我们公司究竟有多少个岗位。拿到数据时，要找到诸多数据中的唯一值，在 Excel 中只需单击【删除重复项】按钮就能搞定了！

1. 快速删除重复项

　　（1）打开图书配套的 Excel 示例源文件"0 不规范的数据源"存储路径。选中最后一列【职位】，将整列数据选中以后→按快捷键【Ctrl+C】复制→按快捷键【Ctrl+N】新建一张表→再按快捷键【Ctrl+V】，即可将原表中 D 列【职位】的数据，快速粘贴到新建表的 A 列中（见图 3-2）。

　　（2）单击【数据】选项卡→【删除重复项】按钮→在弹出的【删除重复项】窗口中（见图 3-3）→单击【确定】按钮，完成快速删除重复项，并只保留唯一值。

　　（3）用同样的方法，可以整理数据源中，其他数据列的可填项目内容，比如，性别（男，女）、地区（北京市、河北省、江西省……）

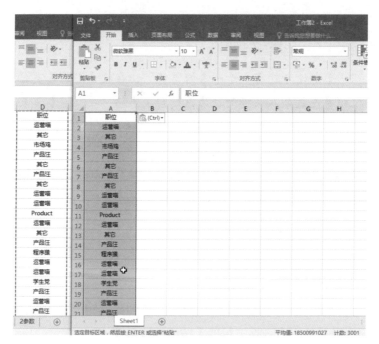

图 3-2

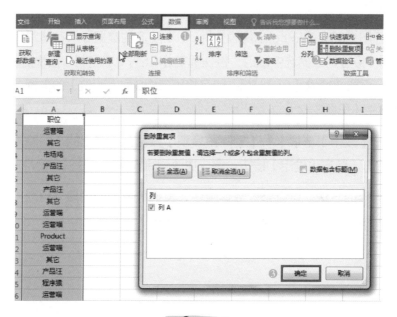

图 3-3

Excel 从小白到小能手

3.2 设置数据验证方法

1. 数据验证法 1：手动设置

（1）打开“1数据源”表。任意选中一列数据，比如K列→单击【数据】选项卡→选择【数据验证】选项（见图3-4）。

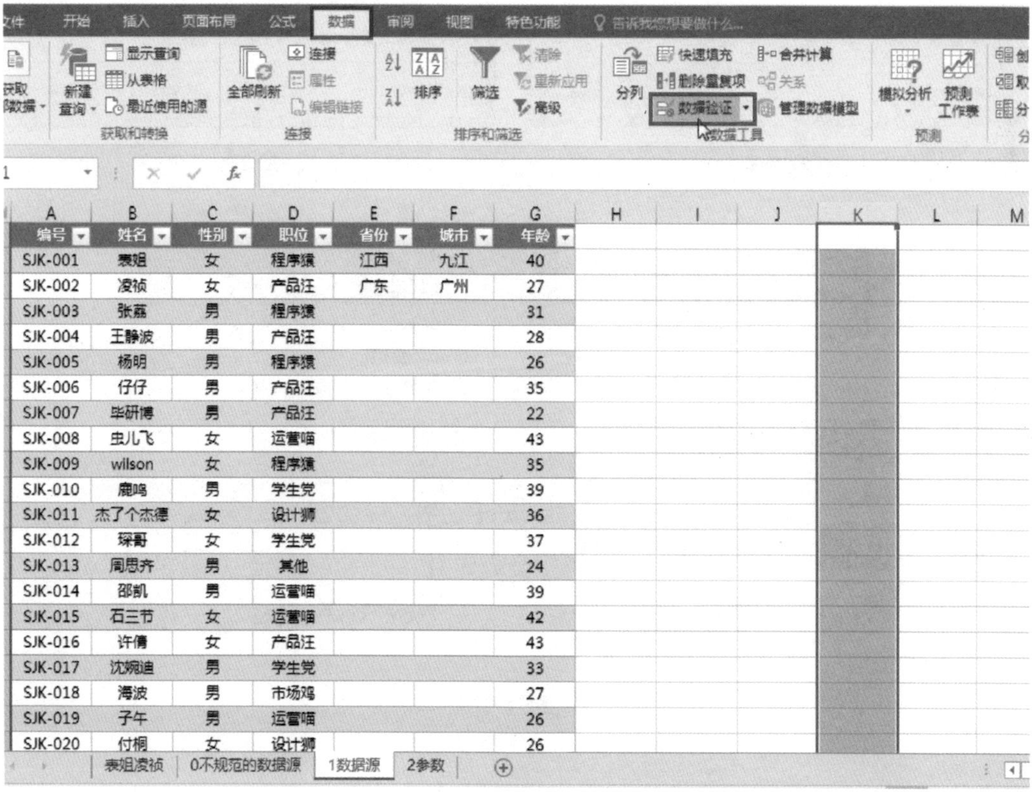

编号	姓名	性别	职位	省份	城市	年龄
SJK-001	表姐	女	程序猿	江西	九江	40
SJK-002	凌祯	女	产品汪	广东	广州	27
SJK-003	张磊	男	程序猿			31
SJK-004	王静波	男	产品汪			28
SJK-005	杨明	男	程序猿			26
SJK-006	仔仔	男	产品汪			35
SJK-007	毕研博	男	产品汪			22
SJK-008	虫儿飞	女	运营喵			43
SJK-009	wilson	女	程序猿			35
SJK-010	鹿鸣	男	学生党			39
SJK-011	杰了个杰德	女	设计狮			36
SJK-012	琛哥	女	学生党			37
SJK-013	周思齐	男	其他			24
SJK-014	邵凯	男	运营喵			39
SJK-015	石三节	女	运营喵			42
SJK-016	许倩	女	产品汪			43
SJK-017	沈婉迪	男	学生党			33
SJK-018	海波	男	市场鸡			27
SJK-019	子午	男	运营喵			26
SJK-020	付桐	女	设计狮			26

图 3-4

（2）在弹出的【数据验证】对话框中→选择【验证条件】区域下的【序列】选项（见图3-5）。

（3）在【来源】框中填写规范→单击【确定】按钮，在所选的序列里将会出现填写选项（见图3-6和图3-7）。比如，做一个“1~4月”的下拉选项，只需在【来源】框中，写上：“1月,2月,3月,4月”。

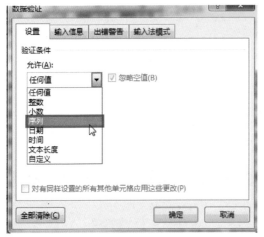

图 3-5

图 3-6

图 3-7

表姐提示

　　这里填写的内容之间，要用英文格式下的"，"（逗号）分隔开来。设置完成后，我们就能在 K 列中，看到刚刚设置的效果：单击单元格，右侧会出现下拉小三角，让我们选择对应的内容。

Excel 从小白到小能手

2. 数据验证法2：自定义序列

（1）打开"2参数"表。选中C列从C2【运营喵】到C8【其他】数据→在【名称】框内输入【职位】→按【Enter】键确认录入。

此时，我们就为【C2：C8】的单元格区域，定义一个"职位"的名称（见图3-8）。

	A	B	C	D	E	F	G
	职位				fx	运营喵	
1	性别		职位		江西	河北	山西
2	男		运营喵		南昌	石家庄	太原
3	女		市场鸡		九江	唐山	大同
4			产品汪		景德镇	秦皇岛	阳泉
5			程序猿		萍乡	邯郸	长治
6			学生党		新余	邢台	晋城
7			设计狮		鹰潭	保定	朔州
8			其他		赣州	张家口	晋中
9					吉安	承德	运城
10					宜春	沧州	忻州
11					抚州	廊坊	临汾
12					上饶	衡水	吕梁

表姐凌祯 | 0不规范的数据源 | 1数据源 | 2参数

图 3-8

（2）单击【1.数据源】表→选中D列→单击【数据】选项卡→选择【数据验证】选项（见图3-9）。

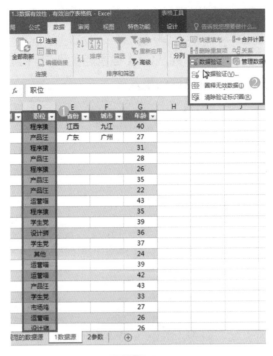

图 3-9

（3）在弹出的【数据验证】对话框中→选择【验证条件】区域下的【序列】选项→在【来源】文本框中填写【=职位】；也就是刚刚在步骤（1）中自定义的【C2：C8】的单元格区域，它所对应的名称→单击【确定】按钮，即可完成D列【职位】列的数据验证效果（见图3-10和图3-11）。

图 3-10

图 3-11

3.数据验证法 3：设置双重数据有效性

（1）打开"2参数"表。选中E：P列第一行即【E1：P1】单元格区域→在【名称框】中输入【省份】后，按【Enter】键确认录入（见图3-12）。

图 3-12

（2）单击【1.数据源】表，即回到待操作的表中，选中E列【省份】列→单击【数据】选项卡→选择【数据验证】选项（见图3-13）→在弹出的【数据验证】对话框→在【验证条件】区域中下的【序列】→在【来源】文本框中填写【=省份】（见图3-14）→单击【确定】按钮，即可完成E列的数据验证设置。

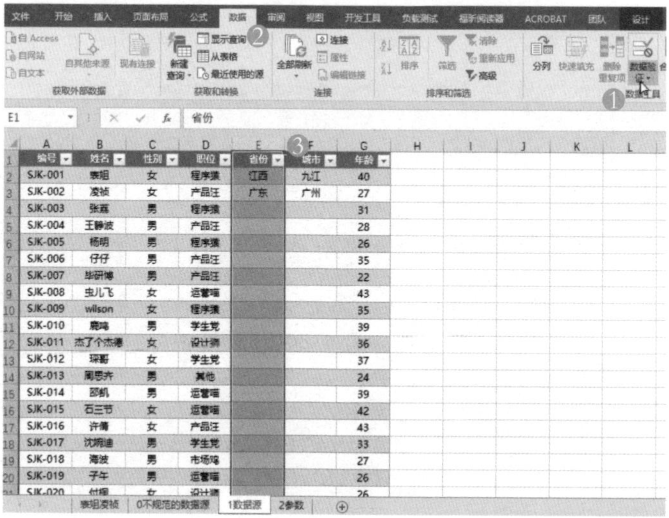

图 3-13

图 3-14

（3）下面根据E列选择的省份，去做F列的城市设置。

可以根据E列选择的省份结果，在F列中，仅提供该省份对应的城市列表，作为它的下拉参数来源。

（4）我们批量创建每个省份的自定义名称区域，单击【2.参数】表→选中【E1：P22】单元格（见图3-15）。

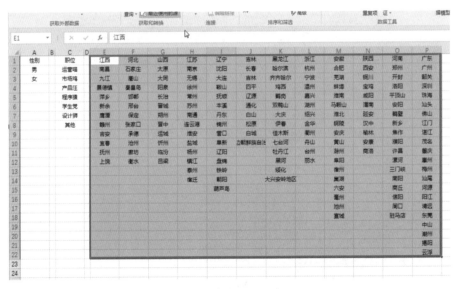

图 3-15

Excel 从小白到小能手

（5）单击【公式】选项卡→选择【根据所选内容创建】选项→在弹出的【已选定区域创建名称】对话框（见图3-16）中→仅勾选【首行】复选框（见图3-17）。也就是在【E1：P22】单元格区域中，我们会根据首行的文字即各个省份的名称，创建与它们对应的自定义区域。

（6）返回【1.数据源】表→选中F列→单击【数据】选项卡→选择【数据验证】选项（同图3-14类似）→在弹出的【数据验证】对话框中→在【验证条件】区域下选择【序列】选项→在【来源】文本框中填写【=INDIRECT($E1)】（见图3-18）→单击【确定】按钮，即可完成双重设置。

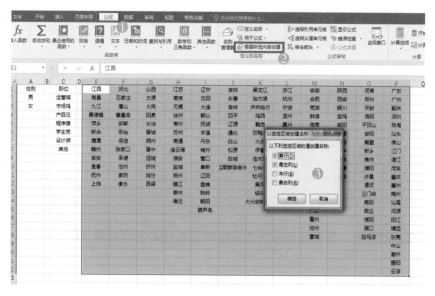

图3-16

图3-17

图3-18

表姐提示

　　INDIRECT() 函数，是一个将文本转化为引用区域的函数。因此，在 E 列选择不同的省份时，F 列的数据验证设置，引用的是与 E 列输入的文字内容对应的、已经自定义名称区域的数据列表。

　　通过 INDIRECT 函数，将这个自定义名称区域的数据列表，赋值给了数据验证的下拉框，从而实现了"省份"和"城市"的二级联动效果。

【本节小结】

　　通过本章的学习，我们不仅学习了数据验证的设定方法，同时学习了"删除重复值""INDIRECT 函数""名称管理器"等使用技巧。要熟练掌握本章所讲内容，可有助于规范填表细节，特别是：人事档案表、工作量确认表、销售产品报价表等相关场景，均可以利用该方法，提前预设收集表格信息要求，有效避免了大家"非标""肆意"填写。

　　下拉式菜单选项，减少了手工录入的时间，更有"双重数据有效性"帮助你设定二级下拉菜单栏，大大提高表格的录入效率。

学好本章知识点，自己设计的表格填报内容当然可以自己说了算！

第4章
制作令人满意的BUG表

Boss

关关，把BUG表拿来给我看看，明确一下哪些已完成了。

关关

表姐，BUG表我是做完了，然而这个"状态"我一个个筛选、核对以后，再手工填写，实在太麻烦了，有没有什么高级的方法（见图4-1）？

BUG编号	日期	BUG类别	测试员	开发人员	修订	内测	完毕	状态
BUG01	2017/1/2	A	张磊	凌妍	2017/1/13			进行中
BUG02	2017/1/5	F	子午	石三节	2017/1/9	2017/1/14	2017/1/15	已完成
BUG03	2017/1/10	B	张磊	虫儿飞	2017/1/22			进行中
BUG04	2017/1/10	D	付桐	华研博	2017/1/21	2017/1/26		进行中
BUG05	2017/1/11	G	张磊	石三节	2017/1/20	2017/1/25		进行中
BUG06	2017/1/16	A	杨明	齐倩	2017/1/20	2017/1/25		进行中
BUG07	2017/1/18	A	王静波	石三节	2017/1/25	2017/1/27		进行中
BUG08	2017/1/18	C	王静波	石三节	2017/1/26			进行中
BUG09	2017/1/19	B	王静波	石三节	2017/1/30	2017/2/1	2017/2/4	已完成
BUG10	2017/1/20	B	付桐	石三节	2017/2/1	2017/2/5	2017/2/6	已完成
BUG11	2017/1/20	G	杨明	周思齐	2017/1/24	2017/1/29		进行中
BUG12	2017/1/25	D	杨明	虫儿飞	2017/2/5	2017/2/8	2017/2/9	已完成
BUG13	2017/1/27	E	仔仔	虫儿飞	2017/2/6	2017/2/11	2017/2/12	已完成
BUG14	2017/1/29	A	仔仔	周思齐				进行中
BUG15	2017/1/31	A	子午	华研博	2017/2/3			进行中

图4-1

用条件格式

快速监控单元格的值变化
轻松掌握数据变化趋势
点点鼠标，快速GET!

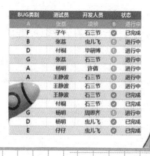

对于互联网工程师而言，实时监控程序"BUG"处理进度是跟踪项目进度的制胜法宝，也是量化工程师工作量的重要指标。为避免人为虚报工作量和遗漏未处理的"BUG"程序，表姐本节介绍"if() 函数"和"COUNTBLANK() 函数"运用技巧，利用函数动态监控各个"BUG"完成进度；同时通过"条件格式"的设定，让你的监控表一目了然，迅速识别"未完成"程序，动态监控表，你也值得拥有。

4.1　运用辅助列进行条件筛选

1. 打开 Excel，筛选条件中的空白格

（1）打开图书配套的Excel示例源文件，找到"1.4制作令人满意的BUG表"文件，打开"1BUG清单"表，在【完毕】列后插入一列。（表姐提示，因为原始素材中，已经提前做好了目标效果，即【状态】列，此处，我们使用重新插入的列，从头演示具体的操作。）

（2）因为"1BUG清单"表已经是套用了表格格式的"超级表"，因此当我们插入一列新的列时，超级表会自动给它添加上列标题（如列1），具体的列标题名称，我们可以根据实际情况进行修订即可（见图4-2）。

（3）在【I2】单元格内输入【COUNTBLANK】函数，即计算所选单元格区域内，空白单元格的个数。

F 修订	G 内测	H 完毕	I 列1
2017/1/13			
2017/1/9	2017/1/14	2017/1/15	
2017/1/22			
2017/1/21	2017/1/26		
2017/1/20	2017/1/25		
2017/1/20	2017/1/25		
2017/1/25	2017/1/27		
2017/1/26			
2017/1/30	2017/2/1	2017/2/4	
2017/2/1	2017/2/5	2017/2/6	
2017/1/24	2017/1/29		
2017/2/5	2017/2/8	2017/2/9	
2017/2/6	2017/2/11	2017/2/12	
2017/2/3			
2017/2/3	2017/2/6	2017/2/9	
2017/2/9	2017/2/13	2017/2/16	
2017/2/16	2017/2/18	2017/2/19	

图 4-2

表姐提示

当输入函数时，可以在单元格输入"="以后，继续录入函数的名称，如在单元格输入"= COUNTBLANK"以后，按【Tab】键，Excel会自动补齐函数名称，并带上左括号。

另外，我们还可以在录入函数开头的12个首字母以后，根据Excel的函数参数提示框，通过方向键的↑↓箭头，快速选中目标函数后，按【Tab】键，Excel会自动补齐函数名称，并带上左括号（见图4-3）。

=cou
𝑓x COUNT
𝑓x COUNTA
𝑓x COUNTBLANK · · · · · · 计算某个区域中空单元格的数目
𝑓x COUNTIF
𝑓x COUNTIFS
𝑓x COUPDAYBS
𝑓x COUPDAYS
𝑓x COUPDAYSNC
𝑓x COUPNCD
𝑓x COUPNUM
𝑓x COUPPCD

图 4-3

（4）然后用鼠标拖动选中【F2：G2】单元格→此时【I2】单元格的公式会变成【=COUNTBLANK(表1[@[修订]:[完毕]]】；这是"超级表"中，公式特有的写法，即：不显示具体的单元格地址名称，而显示为该字段的名称，比如@[修订]是指at当前行的修订字段下的单元格的值（见图4-4）。

=COUNTBLANK(表1[@[修订]:[完毕]]

			F	G	H		I	J	K
		COUNTBLANK(range)							
别	测试员	开发人员	修订	➕内测	完毕	列1	状态	耗时	
	张荔	浪祯	2017/1/13				=COUNTBLANK(表1[@[修订]:[完毕]]		
	子午	石三节	2017/1/9	2017/1/14	2017/1/15		✔	已完成	10

图 4-4

（5）选完区域后，将【I2】单元格的公式补齐右括号：输入【）】→然后按【Enter】键确认输入（见图4-5）。

=COUNTBLANK(表1[@[修订]:[完毕]])					
列	测试员	开发人员	修订	内测	完毕	列1

列	测试员	开发人员	修订	内测	完毕	列1
	张荔	波桢	2017/1/13			1900/1/2
	子午	石三节	2017/1/9	2017/1/14	2017/1/15	1900/1/0
	张荔	虫儿飞	2017/1/22			1900/1/2
	付桐	毕研博	2017/1/21	2017/1/26		1900/1/1
	张荔	石三节	2017/1/20	2017/1/25		1900/1/1
	杨明	许倩	2017/1/20	2017/1/25		1900/1/1
	王静波	石三节	2017/1/25	2017/1/27		1900/1/1
	王静波	石三节	2017/1/26			1900/1/2
	王静波	石三节	2017/1/30	2017/2/1	2017/2/4	1900/1/0
	付桐	石三节	2017/2/1	2017/2/5	2017/2/6	1900/1/0
	杨明	周思齐	2017/1/24	2017/1/29		1900/1/1
	杨明	虫儿飞	2017/2/5	2017/2/8	2017/2/9	1900/1/0
	仔仔	虫儿飞	2017/2/6	2017/2/11	2017/2/12	1900/1/0
	仔仔	周思齐				1900/1/3
	子午	毕研博	2017/2/3			1900/1/2
	王静波	琛哥	2017/2/3	2017/2/6	2017/2/9	1900/1/0
	子午	琛哥	2017/2/9	2017/2/13	2017/2/16	1900/1/0
	张荔	毕研博				1900/1/3
	表姐	许倩	2017/2/16	2017/2/18	2017/2/19	1900/1/0

图 4-5

此时，我们发现，Excel会把我们在I2单元格中，录入的公式整列自动向下填充。也就是说，公式只用写好其中一个，"超级表"就会特别智能地把这个公式应用在这一列中。再也不用像普通表格区域那样，手动地向下拖拉一次（或者双击单元格右下角的十字句柄），进行快速填充应用了。

（6）在填充结果中，我们发现，I列显示的是"1900/1/2"的格式，并不是具体的数字。这是因为，在第（1）步插入列时，Excel对于新插入的列，会自动参照其左侧的列，"继承"它的数字格式。

（7）此时I列，其实像H列一样，是"日期格式"的，我们给它调整为常规即可：选中【I】列→单击【开始】选项卡→单击【数字】功能组右侧的小三角→选择【常规】选项即可（见图4-6）。

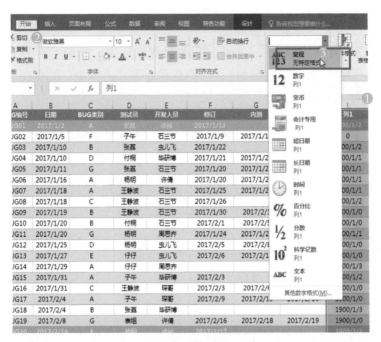

图 4-6

这样，我们就将【F：H】列空白单元格的数量，统计在【I】列中了（见图4-7）。

F	G	H	I
修订	内测	完毕	列1
2017/1/13			2
2017/1/9	2017/1/14	2017/1/15	0
2017/1/22			2
2017/1/21	2017/1/26		1
2017/1/20	2017/1/25		1
2017/1/20	2017/1/25		1
2017/1/25	2017/1/27		1
2017/1/26			2
2017/1/30	2017/2/1	2017/2/4	0
2017/2/1	2017/2/5	2017/2/6	0
2017/1/24	2017/1/29		1
2017/2/5	2017/2/8	2017/2/9	0
2017/2/6	2017/2/11	2017/2/12	0
			3
2017/2/3			2
2017/2/3	2017/2/6	2017/2/9	0
2017/2/9	2017/2/13	2017/2/16	0
			3
2017/2/16	2017/2/18	2017/2/19	0

图 4-7

2. 判断项目状态是否完成

计算出空白单元格的数量后，我们只需判断这个结果，如果=0，就意味着所有的项目阶段都"已完成"，给它显示为1；否则就是处于"进行中"的状态，给它显示为0。这里，我们使用的是IF函数：

（1）在【I】列后插入一列【J】列→在【J2】单元格中输入函数【if】，录入内容为："=if("→然后，选中【I】列当前行的单元格。

（2）此时【J2】单元格数据将会变成【=if([@列1]】（见图4-8）→继续在【J2】单元格中输入【=0,1,0)】→按【Enter】键确认录入公式。

（3）最终J2单元格的公式是：=if([@列1=0,1,0)（见图4-9）。

=if([@列1							
IF(**logical_test**, [value_if_true], [value_if_false])				G	H	I	J
别	测试员	开发人员	修订	内测	完✚	列1	列2
	张荔	凌帧	2017/1/13			2	=if([@列1

图 4-8

	D	E	F	G	H	I	J
=IF([@列1]=0,1,0)							
	测试员	开发人员	修订	内测	完毕	列1	列2
	张荔		2017/1/13			2	0
	子午	石三节	2017/1/9	2017/1/14	2017/1/15	0	1
	张荔	虫儿飞	2017/1/22			2	0
	付桐	毕研博	2017/1/21	2017/1/26	✚	1	0
	张荔	石三节	2017/1/20	2017/1/25		1	0
	杨明	许倩	2017/1/20	2017/1/25		1	0
	王静波	石三节	2017/1/25	2017/1/27		1	0
	王静波	石三节	2017/1/26			2	0
	王静波	石三节	2017/1/30	2017/2/1	2017/2/4	0	1
	付桐	石三节	2017/2/1	2017/2/5	2017/2/6	0	1
	杨明	周思齐	2017/1/24	2017/1/29		1	0
	杨明	虫儿飞	2017/2/5	2017/2/8	2017/2/9	0	1
	仔仔	虫儿飞	2017/2/6	2017/2/11	2017/2/12	0	1
	仔仔	周思齐				3	0
	子午	毕研博	2017/2/3			2	0
	王静波	琛哥	2017/2/3	2017/2/6	2017/2/9	0	1
	子午	琛哥	2017/2/9	2017/2/13	2017/2/16	0	1
	张荔	毕研博				3	0
	表姐	许倩	2017/2/16	2017/2/18	2017/2/19	0	1
	杨明	凌帧	2017/2/17			2	0

图 4-9

表姐提示

在 Excel 的世界里，公式里面的符号，都必须是"英文状态下的"符号，否则公式会报错。

4.2　巧设图标显示规则美化显示方式

☞ 1. 设置图标显示效果

人们常说："文不如表，表不如图"。对于项目的状态，我们已经在J列中，用1和0给显示出来了。下面就用条件格式中的图标集给它"可视化"。

（1）选中【J】列 → 单击【开始】选项卡 → 单击【条件格式】下拉按钮 → 选择【图标集】选项 → 单击【标记】中的图标，选择一个你喜欢的样式即可（见图4-10）。

（2）现在在J列，原本的数字1和0，就被图标的样式所替代了。

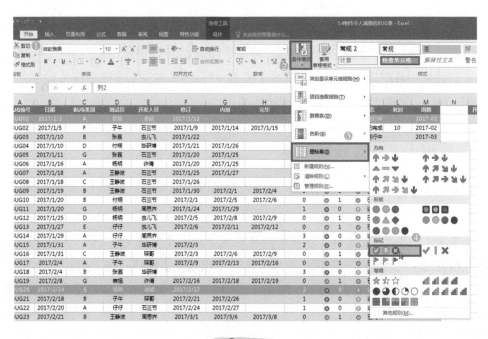

图 4-10

2. 设置图标集规则

对于图标集的规则，我们还可以根据自己的需要，进一步优化和设置。

（1）选中【J】列→单击【开始】选项卡→单击【条件格式】下拉按钮→选择【管理规则】选项（见图4-11）。

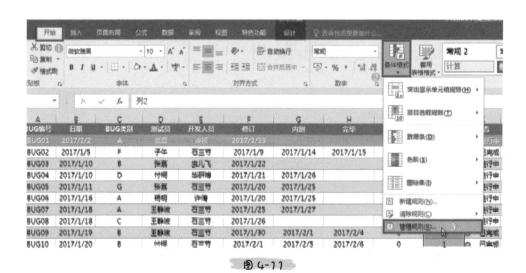

图 4-11

（2）在弹出的【条件格式规则管理器】对话框中→选择【编辑规则】选项（见图4-12）→选中刚刚设置的图标集后，单击【编辑规则】按钮→在弹出的【编辑规则说明】对话框中修改规则：按要求填写【值】，并且将【类型】全部选择【数字】选项（见图4-13），取消→单击【确定】按钮完成。

3. 根据内容更改表格文字

下面通过自定义单元格格式，将J列中的数字1和0，换成自定义的值显示方式。

选中【J】列→右击选择【设置单元格格式】命令（见图4-14）→在弹出的【设置单元格格式】对话框中→选择【分类】中的【自定义】选项→在【类型】中填写【"已完成";;"进行中"】（见图4-15）→单击【确定】按钮，完成表格中数字显示为文字的自定义设置（见图4-16）。

Excel 从小白到小能手

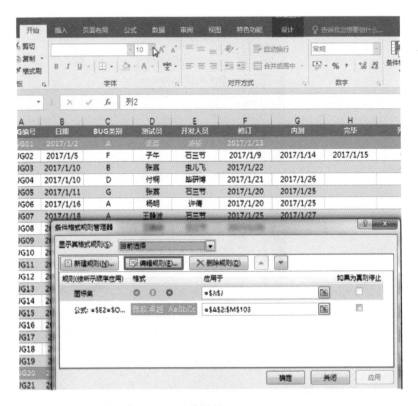

图 4-12

图 4-13

图 4-14

图 4-15

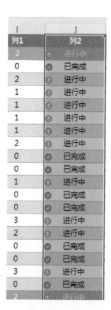

图 4-16

Excel 从小自到小能手

表姐提示

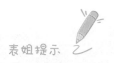

在单元格格式的自定义设置中，Excel用三个英文状态下的分号，来区分单元格中的值，在>0;<0;=0的数值时，各自对应显示的内容。

在本例中，我们自定义的单元格格式是【"已完成";;"进行中"】，表示的是，如果单元格计算的结果是：1时（即>0），就显示为"已完成"；负数时（即<0），就什么都不显示；=0时，就显示为"进行中"；

4. 用条件格式-进度条，设置耗时列

最后，我们还可以将【耗时】多少，以一个类似于条形图的效果进行展示。它是通过条件格式快速实现：

选中【L（耗时）】列→单击【开始】选项卡→【条件格式】单选按钮→在下拉菜单中选择【数据条】选项中，任何一个你喜欢的数据条类型即可（见图4-17和图4-18）。

表姐提示

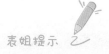

数据条显示的长短，是根据我们一开始选择的单元格范围决定的。也就是说，在数据条的应用范围内，越大的数值，数据条越长；越小的数值，数据条越短。

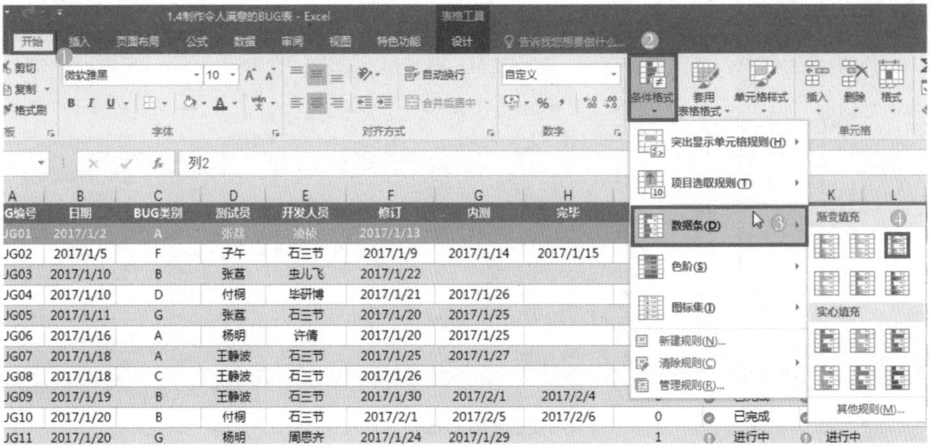

图4-17

5. 单个单元格突出显示设置

如果要对BUG类别的某些特殊类别，如"D"级进行特别展示。只需在条件格式中，给它"突出显示"出来即可。具体操作如下：

（1）选中【C（BUG类别）】列 → 单击【开始】选项卡 → 单击【条件格式】下拉按钮 → 选择【突出显示单元格规则】菜单中的 → 【等于】选项（见图4-19）。

（2）在弹出的【等于】对话框中 → 在【为等于以下值的单元格设置格式】中填写所需要突显的内容值。

本例以单元格内容为【D】为例，直接输入：D。然后，选择想要设置突显的格式即可，本例中选择【自定义，选择【颜色】为红色，【字体】为黄色，实际操作中，读者可以根据自己喜欢的样式，进行设置即可 → 最后，单击【确定】按钮（见图4-20~图4-22）。

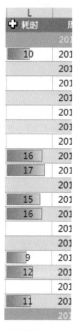

图 4-18

图 4-19

BUG编号	日期	BUG类别	测试员	开发人员	修订	
BUG01	2017/1/2	A	张荔	淡粉	2017/1/13	
BUG02	2017/1/5	F	子午	石三节	2017/1/9	201
BUG03	2017/1/10	B	张荔	虫儿飞	2017/1/22	
BUG04	2017/1/10	D	付桐	毕研博	2017/1/21	201
BUG05	2017/1/11	G	张荔	石三节	2017/1/20	201
BUG06	2017/1/16	A	杨明	许倩	2017/1/20	201
BUG07	2017/1/19	A	王静波	石三节	2017/1/25	

等于　　　　　　　　　　　　　　　　　　　? ×

为等于以下值的单元格设置格式：

D		设置为	浅红填充色深红色文本 ▾

- 浅红填充色深红色文本
- 黄填充色深黄色文本
- 绿填充色深绿色文本
- 浅红色填充
- 红色文本
- 红色边框
- 自定义格式...

BUG14	2017/1/29	A	仔仔			
BUG15	2017/1/31	A	子午		2017/2/3	
BUG16	2017/1/31	C	王静波		2017/2/3	20
BUG17	2017/2/4	A	子午	琛哥	2017/2/9	
BUG18	2017/2/4	B	张荔	毕研博		
BUG19	2017/2/8	G	表姐	许倩	2017/2/16	201
BUG20	2017/2/14	F	杨明	淡粉	2017/2/17	

图 4-20

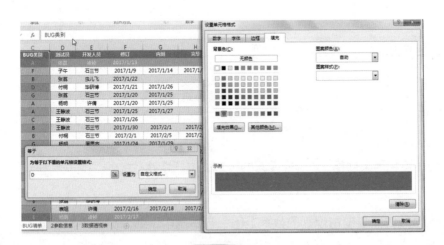

图 4-21

图 4-22

此外，还可以根据"开发人员"的姓名，对他所开发的内容，进行"高光"显示。关于制作"开发人员"下拉列表的方式，可以参考第3章的设置方法，将"开发人员"的下拉列表放在【O2】单元格中。下面就条件格式设置高光效果进行介绍，具体操作如下：

（1）单击【开始】选项卡→单击【条件格式】下拉按钮→选择【管理规则】选项→弹出【条件格式规则管理器】对话框（具体操作，同图4-10一样）。

此时，我们发现模板表中，已经设置过的所有条件格式规则的列表。我们可以对它们进行管理，比如，选中某个条件格式的规则，然后单击【删除规则】按钮。

比如，在本例的素材包中，我们已经设置了公式应用的条件格式，见图4-22中，最底部的条件格式规则。现在要重新开始设置，选中它后→单击【删除规则】按钮→单击【确定】按钮，即可将已设置的规则删除（见图4-23）。

图4-23

我们开始重新设置利用条件格式-公式设置的技巧，进行特殊数据的"高光"显示效果。

（2）选中整表区域中需要设置规则的数据范围，在本例中，即为数据表格区域的A：M列→单击【开始】选项卡，单击【条件格式】下拉按钮→选择【管理规则】选项。

（3）在弹出的【条件格式规则管理器】对话框中→单击【新建规则】按钮（见图4-24）。

图 4-24

（4）在弹出的【新建格式规则】对话框中→选择【选择规则类型】区域中→选择
【使用公式确定要设置格式的单元格】选项（见图4-25）。

（5）在【编辑规则说明】下输入：=$E$1=$O$2（见图4-25）。

图 4-25

说明：这是判断我们所选区域【A：M】列中的$E$1单元格的值，是否等于表中$O$2单元格的值（即前面制作好的"开发人员"的姓名下拉列表）。

（6）单击【格式】按钮（见图4-26），打开【设置单元格格式】对话框，对格式进行设置：这里【填充】设置为【蓝色】，【字体】设置为【黄色、加粗】。单击【确定】按钮。

图 4-26

（7）本例是判断E列中每一行的值，在满足【=O2】的条件下，进行突显。因此，要将【编辑规则说明】改写为【=$E1=$O$2】；即不锁定为E1这一个单元格，而是针对E列中的每一行进行判断最后，单击【确定】按钮即可。最终效果如图4-27和图4-28所示。

图 4-27

BUG编号	日期	BUG类别	测试员	开发人员	修订	内测	完毕	列1	列2	状态	耗时	周数		开发人员
BUG01	2017/1/2	A	张磊	凌祯	2017/1/13			2	进行中	进行中		2017-02		虫儿飞
BUG02	2017/1/5	F	子午	石三节	2017/1/9	2017/1/14	2017/1/15	0	已完成	已完成	10	2017-02	
BUG03	2017/1/10	B	张磊	虫儿飞				2	进行中	进行中		2017-03	
BUG04	2017/1/10	D	付桐	毕研博	2017/1/21	2017/1/26		1	进行中	进行中		2017-03	
BUG05	2017/1/11	G	张磊	石三节	2017/1/20	2017/1/25		1	进行中	进行中		2017-03	
BUG06	2017/1/16	A	杨明	许倩	2017/1/20	2017/1/25		1	进行中	进行中		2017-04	
BUG07	2017/1/18	A	王静波	石三节	2017/1/25	2017/1/27		1	进行中	进行中		2017-04	
BUG08	2017/1/18	C	王静波	石三节	2017/1/26			2	进行中	进行中		2017-04	
BUG09	2017/1/19	B	王静波	石三节	2017/1/30	2017/2/1	2017/2/4	0	已完成	已完成	16	2017-04	
BUG10	2017/1/20	B	付桐	石三节	2017/2/1	2017/2/5	2017/2/6	0	已完成	已完成	17	2017-04	
BUG11	2017/1/20	G	杨明	周思齐	2017/1/24	2017/1/29		1	进行中	进行中		2017-04	
BUG12	2017/1/25	E	杨明	虫儿飞	2017/2/5	2017/2/8	2017/2/9	0	已完成	已完成	15	2017-05	
BUG13	2017/1/27	E	仔仔	虫儿飞	2017/2/6	2017/2/11	2017/2/12	0	已完成	已完成	16	2017-05	
BUG14	2017/1/29	A	仔仔	周思齐				3	进行中	进行中		2017-05	

图 4-28

【本节小结】

通过本章的学习，我们再次复习了超级表的使用方法，并介绍了"IF 函数 ()"和"COUNTBLANK() 函数"的运用技巧，着重介绍了【开始】选项卡中【条件格式】的"图标集""数据条""突出显示单元格规则"设计技巧，结合实例展现设计后的效果，令"BUG"完成度情况、时间进度情况、"BUG"等级按照相应的规则展现。

想想个人的工作环境，利用数据条件格式，还可以应用到教师教学内容中学生成绩统计分析：用数据条表示成绩高低、用突出显示展示不及格和优秀成绩等；人力资源人员应用到职工关键 KPI 达标情况分析：用数据条展示绩效得分高低、用图标集展示是否达标等；合同管理人员可以运用本节内容进行合同执行到期情况分析：对于超期情况，进行特殊标志提示等，小伙伴请结合个人工作内容设置自己的数据条件格式表吧！

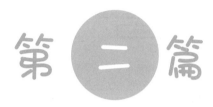

第二篇

能解决 80% 问题的12个函数

第5章
表格 F4——轻松迈入函数世界

Boss

BOSS指着员工身份证清单说："关关，听说只要编个公式，就能读取性别了，是吗？你把这个公式给我编一下吧。"

关关

以下是关关求助表姐的信息（如图5-1所示）。

表姐，我是知道身份证号码的第17位表示性别：
如果是奇数，为男性，
如果是偶数，则为女性，
可是这个怎么编辑到Excel的公式中呢？
是用IF吗？
虽然知道要用函数公式，但总感觉很难学，
有没有什么好方法让我迅速GET呢？

图 5-1

表姐有没有什么好方法让我迅速上手呀！

巧用 TAB

跟着表姐学函数
巧用TAB
函数不用背！

最近人资部门给Boss上传了一份员工身份证号清单，Boss一看：张莉、223199104030023；子午、232198907290012……Boss眉头一皱，打电话给关关："关关，听说只要编个公式，就能读取身份证上的性别了，是吗？你把这个公式给我编一下吧（见图5-2）。"

关关拿到员工身份证清单，挠挠头想：我是知道身份证号码的第17位表示性别，如果是奇数则为男性，偶数是女性，可是这个怎么编辑到Excel的公式中呢？是用IF吗？虽然知道要用到函数公式，但总感觉很难学，哎！

关关求救地喊道："表姐，有没有什么好方法让我迅速上手呀！"

姓名	身份证号码
枣姐	110108197812013870
凌凌	360403198608307323
CHUN	432321198212255319
张喜	370102196804201871
王静文	110108198204173516
杨明	110105197608251429
仔仔	422725197707194510
毕研博	110108198210329215
虫儿飞	210725197005176153
wilson	120104196211113458
鹿晗	130103198112071443
杰了个杰哥	110108197109262479
琛莉	610111197511021523
周思齐	110108196909273422
邵帅	350702198308100116
石三节	412724198008301432
许靖	420106197906176512
沈婉迪	230102196006163638
海波	110102198210160798
子午	110102198212041124
付明	370783197506122121
呵呵	150102197910255812
馨杰	330726197310155655
阳光	110108198110251144X
Sunny	430204196812285016
大范	210104197302173518
bala	110105198012060032
曹斐	110108197310085739
pinno	371422195910220647
澈自挂东南	370403197311092056
戴文建	370629197212023755
邵文	142429197504075257
吕晨柜	230229198003061451
吴昊阳	210502196409270090

图 5-2

本节导入

互联网从业者都熟悉绝对路径和相对路径，同样，Excel中某一单元格的索引也有绝对引用和相对引用。绝对引用是对单一单元格的索引，不随着行和列的变化而变化；相对引用是对某一行或某一列单元格的索引，随着行或列的变化而变化，结合快捷键【Ctrl+Enter】，可以实现公式应用的批量填充，提高公式利用的效率。

此外，结合前面"分列"知识点和"if()函数"的应用，对身份证男或女的性别进行批量识别。"函数分列多变用，各样需求皆满足"，赶快进入本章操作步骤详解吧！

5.1　绝对引用与相对引用

1. 行与列的绝对引用

（1）打开图书配套的Excel示例源文件，找到"2.1表格F4——轻松迈入函数世界"文件，打开"1F4-绝对引用与相对引用"表，选中【A21：J30】单元格（见图5-3）。

（2）在【A21】单元格内输入【=$A$1】→按快捷键【Ctrl+Enter】完成公式应用的批量填充（见图5-4）。

字母表示列号，数字表示行号，$ 符代表锁定。【$A$1】表示对行和列的引用，都是绝对地引用 A1 单元格的位置。因此，这样的引用方式称为"绝对引用"，在图 5-4 中也可以看到，【A21：J30】单元格的值，都等于 1（A1 单元格的值）。

1	2	3	4	5	6	7	8	9	10
11	12	13	14	15	16	17	18	19	20
21	22	23	24	25	26	27	28	29	30
31	32	33	34	35	36	37	38	39	40
41	42	43	44	45	46	47	48	49	50
51	52	53	54	55	56	57	58	59	60
61	62	63	64	65	66	67	68	69	70
71	72	73	74	75	76	77	78	79	80
81	82	83	84	85	86	87	88	89	90
91	92	93	94	95	96	97	98	99	100

随列变化	第A列	随行变化	第1行	I ▼ 27 ▼	单元格的值=
A		**1**		I7 即	**69**

1	2	3	4	5	6	7	8	9	10
11	12	13	14	15	16	17	18	19	20
21	22	23	24	25	26	27	28	29	30
31	32	33	34	35	36	37	38	39	40
41	42	43	44	45	46	47	48	49	50
51	52	53	54	55	56	57	58	59	60
61	62	63	64	65	66	67	68	69	70
71	72	73	74	75	76	77	78	79	80
81	82	83	84	85	86	87	88	89	90
91	92	93	94	95	96	97	98	99	100

图 5-3

| A21 | ▼ | × ✓ | fx | =$A$1 | | | | | |

	A	B	C	D	E	F	G	H	I	J
1	1	2	3	4	5	6	7	8	9	10
	11	12	13	14	15	16	17	18	19	20
	21	22	23	24	25	26	27	28	29	30
	31	32	33	34	35	36	37	38	39	40
	41	42	43	44	45	46	47	48	49	50
	51	52	53	54	55	56	57	58	59	60
	61	62	63	64	65	66	67	68	69	70
	71	72	73	74	75	76	77	78	79	80
	81	82	83	84	85	86	87	88	89	90
	91	92	93	94	95	96	97	98	99	100

绝对引用	第A列	绝对引用	第1行	I ▼ 27 ▼	单元格的值=
$	**A**	**$**	**1**	A1 即	**1**

1	1	1	1	1	1	1	1	1	1
1	1	1	1	1	1	1	1	1	1
1	1	1	1	1	1	1	1	1	1
1	1	1	1	1	1	1	1	1	1
1	1	1	1	1	1	1	1	1	1
1	1	1	1	1	1	1	1	1	1
1	1	1	1	1	1	1	1	1	1
1	1	1	1	1	1	1	1	1	1
1	1	1	1	1	1	1	1	1	1
1	1	1	1	1	1	1	1	1	1

图 5-4

2. 行与列的相对引用

选中【A21】单元格,在【A21】单元格中输入【=A1】→按【Enter】键→选中【A21】单元格向右、向下拖动（通过拖动的方式，完成公式应用的批量填充）（见图5-5）。

表姐提示

【A1】表示对行和列的引用，都是相对于 A1 单元格位置的引用，相对位置的变化，决定了引用数据值的变化。因此，这样的引用方式称为"相对引用"，在图 5-5 中也可以看到，【A21：J30】单元格的值，都相对于【A1：J10】单元格的位置变化而取的值。

3. 行或列的混合引用

（1）选中【A21：J30】单元格，在【A21】单元格中输入【=$A1】→按快捷键【Ctrl+Enter】完成公式应用的批量填充（见图5-6）。

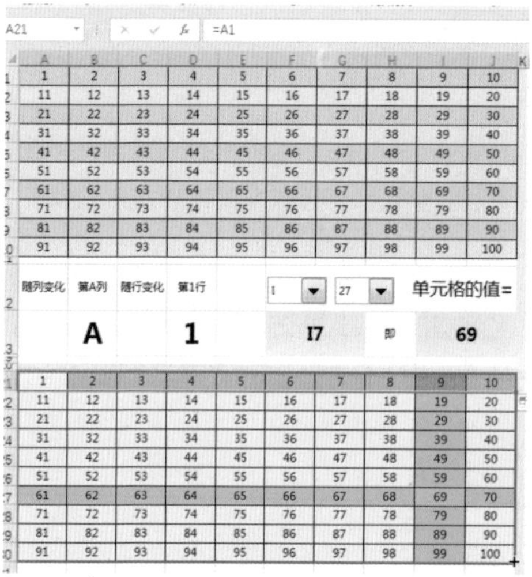

图 5-5

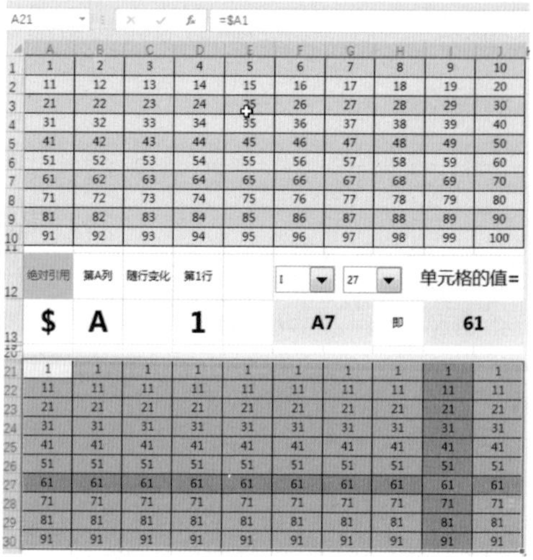

图 5-6

表姐提示

【$A1】表示对列的引用，都是绝对地引用A1单元格列的位置即A列，而行不锁定；因此，应用公式的单元格，会随着行号的变化而变化。这样只锁定了列（或行）的引用方式称为“混合引用”，在图5-6中也可以看到，【A21：J30】单元格的值，都等于【A1：J10】单元格中A列的值，而行的值是变化的。

（2）选中【A21：J30】单元格，在【A21】单元格中输入【=A$1】→按快捷键【Ctrl+Enter】完成公式应用的批量填充（见图5-6）。

表姐提示

【A$1】表示对行的引用，都是绝对地引用A1单元格行的位置，即第1行，而列不锁定；因此，应用公式的单元格，会随着列号的变化而变化。这样只锁定了行（或列）的引用方式称为“混合引用”，在图5-7中也可以看到，【A21：J30】单元格的值，都等于【A1：J10】单元格中第一行的值，而列的值是变化的。

单元格的引用记忆方法——表姐口诀：

列号是字母，$锁在字母前，列不变（如$A1）。

行号是数字，$锁在数字前，行不变（如A$1）。

行列都不变，挂上双锁头（如$A$1）。

21 =A$1

A	B	C	D	E	F	G	H	I	J
1	2	3	4	5	6	7	8	9	10
11	12	13	14	15	16	17	18	19	20
21	22	23	24	25	26	27	28	29	30
31	32	33	34	35	36	37	38	39	40
41	42	43	44	45	46	47	48	49	50
51	52	53	54	55	56	57	58	59	60
61	62	63	64	65	66	67	68	69	70
71	72	73	74	75	76	77	78	79	80
81	82	83	84	85	86	87	88	89	90
91	92	93	94	95	96	97	98	99	100

随列变化	第A列	绝对引用	第1行		1	27	单元格的值=
	A	$	1		I1	即	9

1	2	3	4	5	6	7	8	9	10
1	2	3	4	5	6	7	8	9	10
1	2	3	4	5	6	7	8	9	10
1	2	3	4	5	6	7	8	9	10
1	2	3	4	5	6	7	8	9	10
1	2	3	4	5	6	7	8	9	10
1	2	3	4	5	6	7	8	9	10
1	2	3	4	5	6	7	8	9	10
1	2	3	4	5	6	7	8	9	10
1	2	3	4	5	6	7	8	9	10

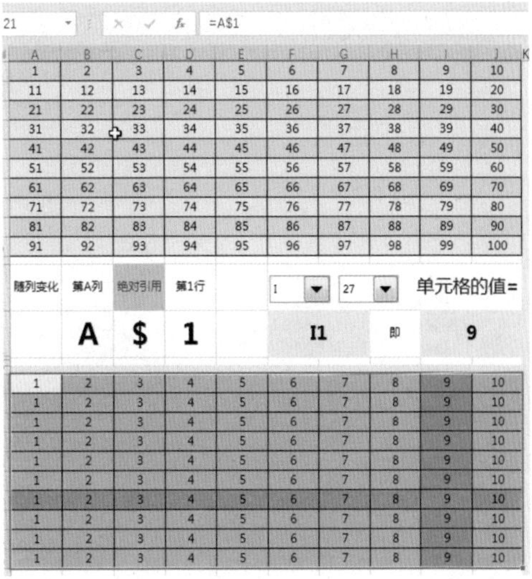

图5-7

表姐提示

公式批量运用时，必须要考虑单元格的引用方式。在实际编写公式时，通过选中单元格地址后，按【F4】键切换单元格的引用方式。

例如：公式中，选中【A1】按一下【F4】键，则会变化为【$A$1】绝对引用；

再按一下（第2次按）【F4】键，则会变化为【A$1】混合引用-锁定行；

再按一下（第3次按）【F4】键，则会变化为【$A1】混合引用-锁定列；

再按一下（第4次按）【F4】键，则会变化为【A1】相对引用；

继续按【F4】键，则会按照上述顺序，循环变化单元格的引用方式。

5.2 巧用if判断男女

1. 分列处理

（1）将【B列（身份证号码）】复制→再粘贴到【C列】→单击【数据】选项卡→再单击【分列】按钮（见图5-8）。

图 5-8

（2）在弹出的【文本分列向导-第1步，共3步】对话框中→选中【固定宽度】单选按钮→单击【下一步】按钮（见图5-9）。

图 5-9

表姐提示

因为我们要在身份证号码中，固定选出第17位，作为性别判断的依据。因此，根据分列原则，选中【固定宽度】单选按钮进行分列。

（3）弹出【文本分列向导-第2步，共3步】对话框→分别在第17位数字的前后，单击两次（见图5-10）。

表姐提示

通过单击的方式，可以快速建立数据的"分列线"，即我们需要分列的位置。如果一不小心单击错了位置，可以通过鼠标选中后拖动的方式，调整分列线的位置。或者双击分列线，清除已经设置的分列线。

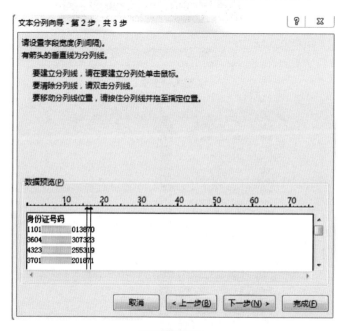

图 5-10

（4）单击【下一步】按钮→弹出【文本分列向导-第3步，共3步】对话框→选中第1列后选中【不导入此列（跳过）】单选按钮；设置后，可以看见该列顶部出现"忽略列"的字样（见图5-11）。

再次选中第3列后选中【不导入此列（跳过）】单选按钮；设置后，可以看见该列顶部出现"忽略列"的字样→单击【完成】按钮，即可取出第17位数字（见图5-12）。

图 5-11

姓名	身份证号码	C	D	E	F
表姐	110　　81201	7			
凌祯	360　　60830	2			
CHUN	432　　21225	1			
张盏	370　　80420	7			
王静波	110　　20417	1			
杨明	110　　60825	2			
仔仔	422　　70719	1			
毕研博	110　　21029	1			
虫儿飞	210　　00517	5			
wilson	120　　21111	5			
鹿鸣	130　　11207	4			
杰了个杰德	110　　10926	7			
琛哥	610　　51102	2			
周思齐	110　　90927	2			
邵凯	350　　30810	1			
石三节	412　　00830	3			
许倩	420　　90617	1			
沈婉迪	230　　00616	3			
海波	110　　21016	9			
子午	110　　21204	2			
付桐	370　　50612	2			
阿阿	150　　91025	1			
誓杰	330　　31015	5			
阳光	110　　11025	4			
Sunny	430　　81228	1			
大范	210　　30217	1			
bala	110　　01206	3			
管奥	110　　31008	3			
pinno	371　　91022	4			
默自挂东南	370　　31109	5			
顾文理	370　　21202	5			
邵文	142　　50407	5			
吕辰钰	230　　00306	5			
吴昊阳	210　　40927	9			

表姐凌祯 ┃ 1F4-绝对引用与相对引用 ┃ 2if身份证号判定男女

图 5-12

2. 利用IF()函数，判断员工性别

IF()函数的基本语法：

=IF(logical_test,value_if_true,value_if_false)

=IF(条件判断, 结果为真返回值, 结果为假返回值)

其中：第一参数是条件判断，比如，"1+1=3"或"2>3"，结果返回TRUE或FALSE。

如果判断返回TRUE（为真），那么IF函数返回值是第二参数；否则返回第三参数，即判断结果FALSE（为假）。

（1）在工作表中，选中【D2】单元格→输入公式【=IF(MOD(C2,2)=1,"男","女")】（见图5-13）→按【Enter】键即可完成IF函数的录入（见图5-14）。

说明：MOD（分子,分母）函数是除余函数，即判断分子/分母的余数是多少？在本例中【MOD(C2,2)】就是计算C2单元格的值"7"除以"2"的余数，即1（=7/2的余数）。

然后把这个MOD函数的计算结果，通过IF函数，判断它是否"等于1"。如图5-14所示，该行记录的结果是TRUE（为真），那么返回的就是IF函数的第二个参数"男"。

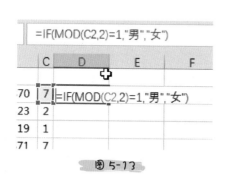

图5-13

		fx	=IF(MOD(C2,2)=1,"男","女")	
A	B	C	D	E
姓名	身份证号码			
表姐	1101081978120	7	男	
凌祯	3604031986083	2		
:HUN	4323211982122	1		
张荔	3701021968042	7		
三静波	1101081982041	1		
杨明	1101051976082	2		

图5-14

（2）下面只需将D2单元格的计算公式，快速应用到整列，即可得出每个员工的性别了：选中【D2】单元格，将鼠标移至单元格右下角，当鼠标光标变成十字句柄时（见图5-15），双击鼠标左键，完成整列公式的快速填充。

图 5-15

5.3 利用 F4 进行快速的绝对引用和相对引用

（1）在"身份证号判定男女"的表格中，如果选中【D2】单元格，鼠标向右拖动，会发现【D3】出现错误值（见图5-16）。

这就是很多人在复制或编写公式时，没有考虑到单元格绝对引用和相对引用的关系，造成公式报错的原因。

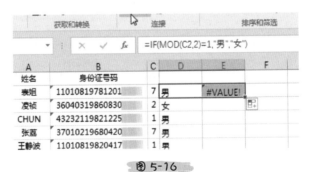

图 5-16

拖动公式应用到【E2】单元格时，公式中的【C2】单元格是相对引用；因为没有锁定，所以，当公式从【D2】向右拖动引用到【E2】时，【C2】的位置也会相对向右偏移一格，变成【D2】，所以公式报错了。为了避免错误，我们需要对【C2】单元格的引用方式进行修订。

（2）选中【D2】单元格，在编辑栏中，将光标定位在【C2】的位置→然后，按下【F4】键，即可对【C2】单元格进行绝对引用。公式改变为【=IF(MOD($C$2,2)=1,"男","女")】→按【Enter】键确认录入。

下面再选中【D2】单元格，向右拖动鼠标至【E2】单元格，判断公式就不会出错了（见图5-17）。

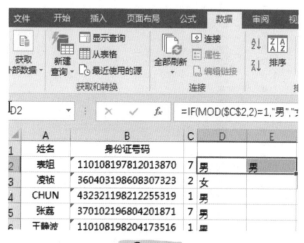

图 5-17

（3）但是，当选中【E2】单元格→将鼠标移至单元格右下角→当鼠标光标变成十字句柄时，双击鼠标，完成公式的整列快速填充（见图5-18）。就会发现，此时【E】列整列的计算结果，都是"男"。这是因为在E2中，关于性别数字的判断，都是锁定（绝对引用）在【$C$2】单元格，因此，无论公式应用在哪一行，实际上判断的都是【$C$2】数字"7"判断的性别结果。

（4）要想E列的整列计算结果都正确，必须再次修改【$C$2】单元格的引用方式：

选中【E2】单元格，将光标定位在【$C$2】的位置→然后，按2下【F4】键，即可对【$C$2】单元格进行混合引用，变为【$C2】。公式改变为【=IF(MOD($C2,2)=1,"男","女")】→按【Enter】键确认录入。

下面只需选中【E2】单元格，将鼠标移至单元格右下角，当鼠标光标变成十字句柄时，双击鼠标，完成公式整列的快速填充（见图5-19）。

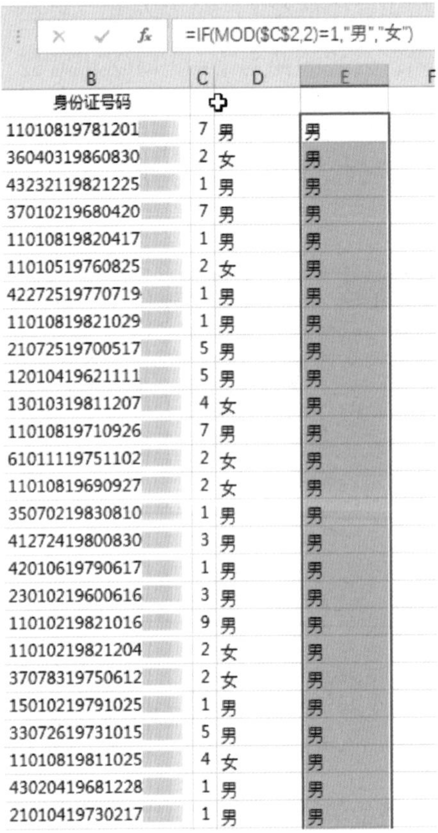

图 5-18

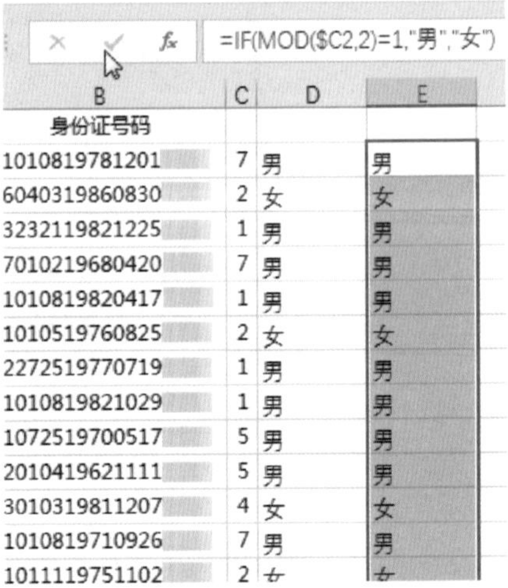

图 5-19

【本节小结】

　　通过本节所学，我们不仅复习了"分列"和"if函数"的应用技巧，同时介绍了 Excel 中绝对引用和相对引用的操作要点，通过【F4】键，快速改变单元格的不同引用方式，为强化大家牢记应用要求，请再次回忆口诀：

　　列号是字母，$ 锁在字母前，列不变（如 $F4）。

　　行号是数字，$ 锁在数字前，行不变（如 F$4）。

　　行列都不变，挂上双锁头（如 $F$4）。

　　有效解决多行或多列公式批量编辑，但一定要注意你的单元格引用方式，你希望谁不变，就给谁挂上 $ 锁头，让它不会影响你的公式计算准确性哟。

关关，快去档案中，帮我查查他们的邮箱和手机号是多少？

Boss

第6章

玩转函数界的一哥：VLOOKUP

早上关关打开邮箱发现老板发来了一份员工档案登记表，并附着相应要求：关关，在档案中，给我查出我要员工的邮箱和手机号，下班前给我（见图6-1）。

关关

考眼力的时刻到了！在12千行的档案中，去找到指定的员工信息，按快捷键【Ctrl+F】，谁还不会12个快捷键啊！

员工编号	姓名	岗位
442332	凌顿	运营喵
358056	qingjiba	其它
238875	yulepublic	市场喵
348901	白珊	产品汪
343566	毕瑶	其它
431585	蔡零宁	产品汪
195324	善磊	其它
305026	常思晗	运营喵
180568	常先堂	运营喵
492321	陈缠(Focus)	Product
134397	磊(CONTEN	运营喵

图6-1

表姐我感觉双眼已经 嗨……有没有什么查找神器呀！

VLOOKUP 函数家族

温馨提示：
跟着表姐学公式
函数不用背哟~

关关打开表格一看，挠挠头想：考眼力的时候到了！在几千行的档案中（见图6-2），去找指定员工（见图6-3）的信息。按快捷键【Ctrl+F】，谁还不会几个快捷键呀！哈哈哈……

凌顿	balicexu@163.VIP.com	18827738768
王知年	balisongwbang@163.VIP.com	18963311517
平遥	bambancfbabi@163.VIP.com	18883845894
殷峻	bancfreyin@163.VIP.com	18831865598
刘芳	bazenbaliu@163.VIP.com	18838402691
程镇(BLOG	bebautycheng@163.VIP.com	18889858815
吴彤	bingowu@163.VIP.com	18888462475
杨冰霜	bingshubangybang@163.VIP.com	18897145352
王飞	blbackwf@163.VIP.com	18831669443
周佳珍	bonnietbao@163.VIP.com	18848879255
何循	bowiehe@163.VIP.com	18881716787
赵波(FOCU	bozhbao@163.VIP.com	18896961588
郭翼静	cfbaisyguo@163.VIP.com	18867778430
杨迪	cfiybang@163.VIP.com	18886392711
栗东亮	cforiglibangqin@163.VIP.com	18845788830
陈蝶(Focus	chencfie@163.VIP.com	18833588988
陈声伟	chenshengwei@163.VIP.com	18859711557
锋春磊	chunleitban@163.VIP.com	18837170298
张春蕾	chunleizhbang@163.VIP.com	18882989593
梁春元	chunyubanlibang@163.VIP.com	18873315092
凌可迅	cocoxu@163.VIP.com	18853170564
崔翠翠	cuicuige@163.VIP.com	18838034102
韩丽娇	ellbanhua@163.VIP.com	18877430314
关芳	fbangguban@163.VIP.com	18816309390
杨帆(ENT)	fbanybang@163.VIP.com	18871668345
廖飞	feikbang@163.VIP.com	18894537214
费燕	feiyban@163.VIP.com	18869520125
娄峰	fengjibang@163.VIP.com	18861324738

图 6-2

员工编号	姓名	岗位	邮箱	手机号
442332	凌顿	运营喵		
358056	qingjiba	其它		
238875	yulepublic	市场喵		
348901	白珊	产品汪		
343566	华桷	其它		
431585	蔡等宁	产品汪		
195324	曹慧	其它		
305026	策思融	运营喵		
180568	常无星	运营喵		
492321	陈懊(Focus)	Product		
134397	嘉(CONTEN	其它		
357857	陈声伟	其它		
228164	陈晓曹	产品汪		
411181	陈伟伟	程序猿		
220580	陈孝仁	运营喵		
331208	陈婴(ES)	其它		
485145	董俊	学生党		
419246	董菁	产品汪		
252186	杜涵(ENT)	运营喵		
247117	费燕	产品汪		
443012	付凯	运营喵		
175684	高航	其它		
139502	高于洁	产品汪		
126974	高云	其它		
344975	葛翠翠	产品经理		

图 6-3

然而，这样用快捷键【Ctrl+F】配合【Ctrl+C】和【Ctrl+V】的复制粘贴，"左手右手一个慢动作"。结果，一个小时过去了。

阿飞看看表格，崩溃道：表姐，我感觉我的双眼已瞎，有没有什么查找神器呀！

本节导入

诚如情景故事所述，从数据库中查询若干个关键词特定属性是一个耗时耗力的工程，应该用"筛选"或"条件查询"工具也是大家常用的笨办法。本节表姐将介绍查找神器家族的应用技巧，运用"VLOOKUP 函数"完成按列查询，运用"HLOOKUP 函数"完成按行查询，运用"LOOKUP 函数"完成阶梯查询。

行属性、列属性、阶梯属性都是查询重点，行 LOOKUP，列 LOOKUP，阶梯 LOOKUP 专治属性匹配，表姐包教包会！

6.1 VLOOKUP 函数：查找神器

VLOOKUP主要功能：**根据被查找值，在查找的数据源区域按列查询，并返回指定列数下所对应的值**（见图6-4）。

公式的写法如下：

=VLOOKUP（Lookup_value,Table_array,Col_index_number,Range_lookup）

参数①Lookup_value：要查找的值。

参数②Table_array：要在其中查找值的区域。注意函数的第2参数(在选定数据源时)，将被查找的值必须位于选定数据源区域的最左侧。

参数③Col_index_number：区域中包含返回值的列号。

参数④Range_lookup：精确匹配或近似匹配 – 指定为 0/FALSE or 1/TRUE。

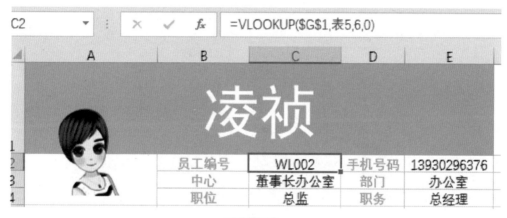

图 6-4

6.2 VLOOKUP应用：搞定两表数据查询

1.用 VLOOKUP 函数完成快速填充

（1）打开图书配套的Excel示例源文件，找到"2.2玩转函数世界的一哥：VLOOKUP"文件。现在将【数据源】表（见图6-2）中各个员工的邮箱和电话用VLOOKUP函数填写到【1VLookup】（见图6-5）表中对应的姓名之后。

（2）按【F2】键，输入公式【=VLOOKUP】，然后，按【Tab】键，Excel会自动显示其条件左括号，变为【=VLOOKUP()】→单击编辑栏左侧的【fx】按钮（见图6-5）→弹出【函数参数】对话框（见图6-6）。

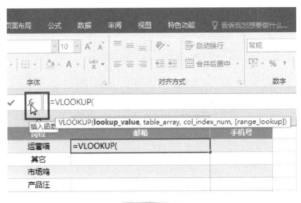

图 6-5

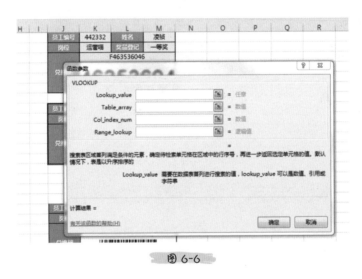

图 6-6

（3）按VLOOKUP函数的用法，依次在【函数参数】对话框中，填写参数（见图6-7）。

① 光标停留在【Lookup_value】时单击选择：【B2】(姓名列)，显示效果为：B2。

② 光标停留在【Table_array】时单击选择：【数据源】表中的【A~C】列，显示效果为：数据源!A:C。注意：在选定数据源时，要求"姓名"列，必须位于最左侧为起始列，因此所选择的区域是从A列开始往右选择，即【数据源】表中的【A：C】列。

③ 光标停留在【Col_index_num】时单击输入数字：2，即查找的数据是位于被查找的【数据源】表（见图6-2）中，从左往右数的第二列，即"邮箱"列。

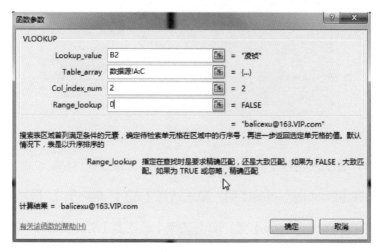

图 6-7

④ 光标停留在【Range_lookup】时单击输入数字：0，代表按照"姓名列"的参数，一对一，精确匹配查找。

最后，单击【确定】按钮，即可完成（见图6-8）函数的输入。

	A	B	C	F	G
1	员工编号	姓名	岗位	邮箱	手机号
2	442332	凌祯	运营喵	balicexu@163.VIP.com	
3	358056	qingjiba	其它		
4	238875	yulepublic	市场鸡		
5	348901	白姗	产品汪		
6	343566	毕延	其它		
7	431585	蔡零宁	产品汪		
8	195324	曹磊	其它		
9	305126	常思路	运营喵		

F2 = VLOOKUP(B2,数据源!A:C,2,0)

图 6-8

下面，只需将光标移至【B2】单元格，当光标变成十字句柄时，双击鼠标，即可完成整列公式的自动填充。

但是这样的填充方式，会将【B2】单元格的格式一起复制下来，因此只需将鼠标移至【D】列填充公式的最后一个单元格右下角，单击【自动填充选项】按钮，选中【不带格式填充】单选按钮，（见图6-9），即可完成【邮箱】列公式的查找工作。

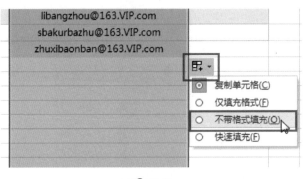

图 6-9

（4）统计，继续完成对【手机号】用VLOOKUP函数进行查找：

光标停留在【Lookup_value】时，单击选择【B2】（姓名列），显示效果为：B2。

光标停留在【Table_array】时，单击选择【数据源】表中的【A-C】列，显示效果为：数据源!A:C。

光标停留在【Col_index_num】时，输入数字"3"，即我们查找的数据是位于被查找的【数据源】表（见图6-2）中，从左往右数的第二列，即"手机号"列。

光标停留在【Range_lookup】时，输入数字"0"，代表按照"姓名列"的参数，一对一，精确匹配查找。

最后，单击【确定】按钮即可完成函数录入。完成后，我们可以在编辑栏中查看到公式的完整录入效果（见图6-10）。

	对齐方式		数字

=VLOOKUP(B2,数据源!A:C,3,0)

位	F 邮箱	G 手机号	H
喵	balicexu@163.VIP.com	188███768	
它	qingjiba@163.VIP.com		
鸡	yulepublic@163.VIP.com		
汪	shbanbbai@163.VIP.com		
它	bambancfbabi@163.VIP.com		
汪	yueningcbai@163.VIP.com		

图 6-10

下面，将光标移至【B2】单元格→当光标变成十字句柄时→双击鼠标，即可完成整列公式的自动填充，然后更改【自动填充选项】→选中【不带格式填充】单选按钮，即可完成【手机号】列公式的查找工作。

2. 用 VLOOKUP 函数完成表格的联动

下面，我们要模拟一个员工抽奖与兑奖的"小工具"。也就是在表格的J：M列，根据员工编号，查找出他的"姓名""岗位""邮箱及兑换码"，并且把兑换码制作成"条形码"的样式。而且，这份兑奖券的模板，要求"一式三份"（见图6-11）。

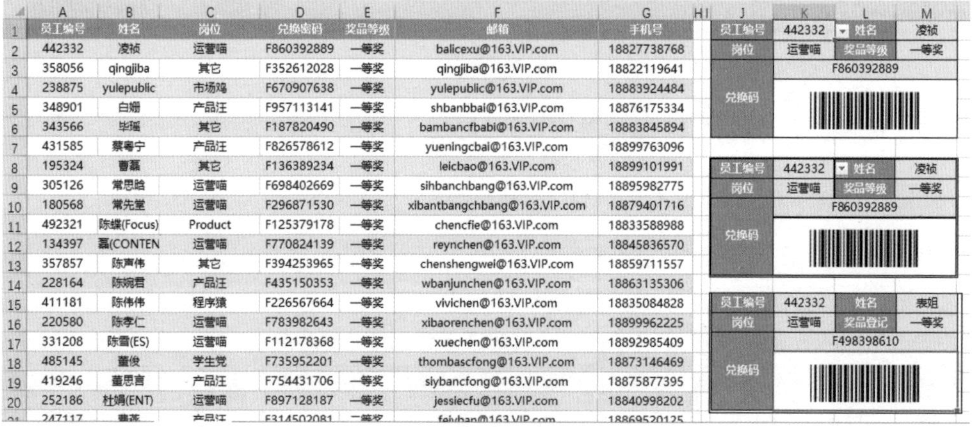

图 6-11

在实际工作中，使用"员工编号"对员工的信息进行管理，可以有效避免单纯靠"员工姓名"，造成的：人员重名（比如，全公司有N个叫"凌祯"的员工），或者录入有误（比如，"张盛茗"录成了"张盛铭"）造成的数据读取错误。

有的公司还会使用读卡器，自动读取员工工牌中"员工编号"的信息，提高信息的录入效率。

在本例中，使用第3章的方法，提前设置了"员工编号"（K1）单元格的数据验证规则，避免用表人随意录入表格中不存在的编号。

下面，利用VLOOKUP函数，来完成这个"小工具"的编制：

（1）选择表格【姓名】M1单元格，录入公式【=VLOOKUP(K1,A:G,2,0)】（见图6-12）。

将VLOOKUP函数的查找逻辑，翻译为人类的语言就是：

根据K1单元格（员工编号，见下表黄框区域），在表格中【A:G】列的数据列（见下表红框区域）进行查找，要返回的是数据列中，从左往右数第2列。并且，这种查找方式是精确查找（VLOOKUP函数的最后一个参数写0）。

图6-12

（2）同理，对【岗位】【奖品等级】【兑换码】的公式进行编写：

如图6-13所示，【岗位】K2单元格的公式：=VLOOKUP(K1,A:G,3,0)。

图6-13

如图6-14所示，【奖品等级】M2单元格的公式：=VLOOKUP(K1,A:G,5,0)。

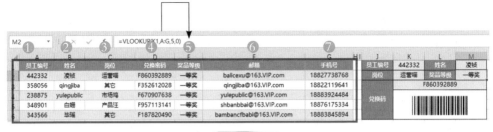

图6-14

如图6-15所示，【兑换码】K3单元格的公式：=VLOOKUP(K1,A:G,4,0)。

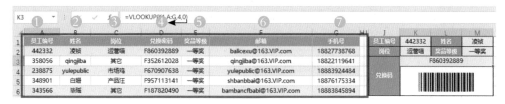

图 6-15

如图6-16所示,【兑换码】K4单元格的公式: =K3。它之所以能够显示为条形码的效果,是因为我们将字体设置为【Code 128】的样式。

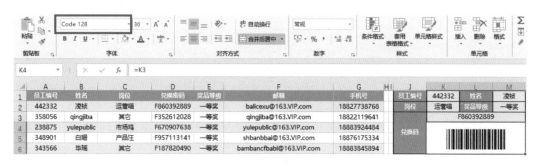

图 6-16

表姐提示

　　如果读者朋友,你的计算机没有安装【Code 128】的字体,可以通过百度搜索,下载对应的字体。完成字体的安装后,即可达到本例所示的效果。

下面,利用Excel的"照相机"功能,完成表格的快速复制,实现"一式三联"效果,具体操作如下:

（1）启用照相机功能:单击【文件】选项卡下【选项】按钮→弹出【Excel选项】对话框→选择【快速访问工具栏】选项→在【从下列位置选择命令】选择栏中选择【不在功能区中的命令】(见图6-17)

找到【照相机】→单击【添加】按钮(见图6-18)→完成后（见图6-19）,单击【确定】按钮,即在Excel界面顶部的快速访问工具栏,找到【照相机】的按钮（见图6-20）。

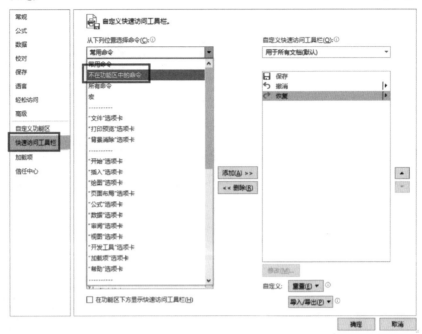

图 6-17

图 6-18

Excel 从小日到小能手

图 6-19

图 6-20

（2）选择所要联动（拍照）的表格区域，如本例中的【J1：M6】单元格区域→调用【照相机】功能，即单击【照相机】按钮（见图6-21）→然后，单击任意空白处（见图6-22），即可完成表格的快速复制。

（3）利用同样的方法，再次拍照一份【J1：M6】单元格区域，并调整两张拍照后的"照片"，摆放到合适的位置，如图6-11所示。

图 6-21

图 6-22

6.3 VLOOKUP 函数(垂直查找)的"表兄弟"HLOOKUP 函数(水平查找)

VLOOKUP函数，是按照垂直（vertical）方向进行查找，它的"表兄弟"HLOOKUP函数的用法和它基本一致，只不过是按照水平（horizontal）方向进行查找。在使用时只要注意，将【列】改为【行】即可。

下面带大家一同体验HLOOKUP函数（水平查找）。如图6-23所示，在第9行，根据平台名称，从第1~4行中，查找网址、联系人、手机号的信息。

図 6-23

1. 用HLOOKUP函数完成横向查找

（1）打开【2HLOOKUP】表，按HLOOKUP函数的填写方式填写【网址】，即在【B9（网址）】对应单元格内输入公式【=HLOOKUP($A$9,$A$1:$H$4,2,0)】（见图6-23）。

在这里，将【$A$9】和【$A$1:$H$4】都锁定它的行和列，进行绝对引用，让它在公式复制时，不改变这个单元格引用区域的变化。

（2）选中【B9（网址）】对应单元格→将鼠标移至单元格右下角，当光标变成十字句柄时，向右拖动至【D9（手机号）】对应单元格（见图6-24）。

図 6-24

此时，【C9（联系人）】对应单元格的公式：=HLOOKUP($A$9,$A$1:$H$4,2,0)。

【D9（手机号）】对应单元格的公式：=HLOOKUP($A$9,$A$1:$H$4,2,0)。

我们只需更改公式中，第3个参数，即返回值在第几行，就可以取到正确的结果，修改后的公式为：

【C9（联系人）】对应单元格的公式：=HLOOKUP($A$9,$A$1:$H$4,3,0)。

【D9（手机号）】对应单元格的公式：=HLOOKUP($A$9,$A$1:$H$4,4,0)。

最终效果如图6-25所示。

D9			fx	=HLOOKUP($A$9,$A$1:$H$4,4,0)			
	A	B	C	D	E	F	G
1	平台	三节课	百度	淘宝	腾讯	网易	智联招聘
2	网址	www.sanjieke.cn	ww.baidu.com	ww.taobao.com	ww.qq.com	ww.163.com	www.zhaopin.com
3	联系人	表姐	凌祯	邹新文	李明	翁国栋	康书
4	手机号	1324227	1551101	1362107	1561201	1361301	1331101
5							
6							
7							
8	平台	网址	联系人	手机号			
9	三节课	www.sanjieke.cn	表姐	132422			
10							

图 6-25

表姐提示

如果我们希望向右拖动时，HLOOKUP 函数中的第3个参数（返回数据所在的行数），可以自动从2变成3、4，可以将它更改为：COLUMN(B1)，即读取B1单元格所在的列号，即 =2。这样，当我们把公式从左向右拖动的时候，它会自动变成 COLUMN(C1)、COLUMN(D1)，也就是3、4了（见图6-26）。

B9			fx	=HLOOKUP($A$9,$A$1:$H$4,COLUMN(B1),0)				
	A	B	C	D	E	F	G	H
1	平台	三节课	百度	淘宝	腾讯	网易	智联招聘	58同城
2	网址	www.sanjieke.cn	ww.baidu.com	ww.taobao.com	ww.qq.com	ww.163.com	www.zhaopin.com	www.58.com
3	联系人	表姐	凌祯	邹新文	李明	翁国栋	康书	孙坛
4	手机号	1324227	1551101	1362107	1561201	1361301	1331101	1316101
5								
6								
7								
8	平台	网址	联系人	手机号				
9	三节课	www.sanjieke.cn	表姐	1324227				
10								
11								

图 6-26

修改后的【B9（网址）】对应单元格的公式：=HLOOKUP($A$9,$A$1:$H$4, COLUMN(B1),0)。

【C9（联系人）】对应单元格的公式：=HLOOKUP($A$9,$A$1:$H$4, COLUMN(C1),0)。

【D9（手机号）】对应单元格的公式：=HLOOKUP($A$9,$A$1:$H$4, COLUMN(D1),0)。

6.4 LOOKUP 函数：搞定阶梯查找

LOOKUP主要功能：在一组从小到大的数据中，返回被查找值所处区间对应的返回值。

LOOKUP使用格式：LOOKUP（Lookup_ value,Lookup_vector,Result_vector）（见图6-27）。

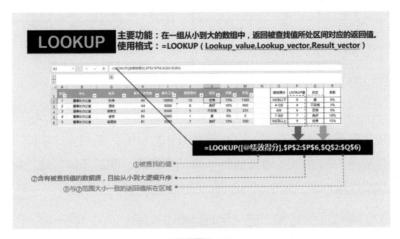

图 6-27

要查找一个值Lookup_value，根据它在一个升序序列Lookup_vector中，达到了哪一档"起步线"的标准，就把它对应的结果Result_vector给找出来。

打开【3LOOKUP】表（见图6-28），需要根据每个人"考试成绩"的高低，根据分数段来判断它的"类别"。

姓名	考试成绩	类别		分数	类别
表姐	90			60分以下	不及格
凌祯	89			60（含）-70	及格
CHUN	31			70（含）-80	中
张磊	61			80（含）-90（含）	良
王静波	95			90（不含）-100	优
石三节	13				
仔仔	76				
毕研博	86				
虫儿飞	83				

图 6-28

这是根据某个数据的高低、大小进行的"阶梯判断"类问题。当分数达到某一"起步线"后，就达到该档位。因此，我们先要为分数段，建立"起步线"的辅助列，如图6-29所示。

	A	B	C	D	E	F	G	H
1	姓名	考试成绩	类别			分数	类别	起步线
2	表姐	90				60分以下	不及格	0
3	凌祯	89				60（含）-70	及格	60
4	CHUN	31				70（含）-80	中	70
5	张磊	61				80（含）-90（含）	良	80
6	王静波	95				90（不含）-100	优	90.1
7	石三节	13						
8	仔仔	76						
9	毕研博	86						
10	虫儿飞	83						

图 6-29

（1）在C2单元格输入公式=LOOKUP(B2,$H$2:$H$6,$G$2:$G$6)（见图6-30），含义是：根据B2（考试成绩）单元格的值，在起步线$H$2:$H$6区域中，找到满足的起步线后，返回它在$G$2:$G$6对应的类别中相应的值。

比如，B2的考试成绩是90，它满足的起步线是超过了90.1这一档，因此它的成绩类别是"优"。

| SUM | | ▼ | × ✓ fx | =LOOKUP(B2,$H$2:$H$6,$G$2:$G$6) |

	A	B	C	D	E	F	G	H
1	姓名	考试成绩	类别			分数	类别	起步线
2	表姐	90	$2:$G$6)			60分以下	不及格	0
3	凌祯	89				60（含）-70	及格	60
4	CHUN	31				70（含）-80	中	70
5	张磊	61				80（含）-90（含）	良	80
6	王静波	95				90（不含）-100	优	90.1
7	石三节	13						
8	仔仔	76						
9	毕研博	86						
10	虫儿飞	83						

图 6-30

（2）公式输入完毕后，按【Enter】键确认录入。如果表格是套用了表格格式的"超级表"，那么公式会自动应用到整列中，完成计算。

如果表格是普通表，还可以将光标移至【C2】单元格右下角→当光标变成十字句柄时→双击鼠标，即可完成整列公式的自动填充，然后更改【自动填充选项】→选中【不带格式填充】单选按钮，即可完成计算。

（3）最后，还可以利用前面介绍的"条件格式-突出显示"的功能，将"优"类别的单元格进行重点显示，让数据结果更加一目了然（见图6-31）。

	A	B	C	D	E	F	G	H
1	姓名	考试成绩	类别			分数	类别	起步线
2	表姐	90	良			60分以下	不及格	0
3	凌祯	89	良			60（含）-70	及格	60
4	CHUN	31	不及格			70（含）-80	中	70
5	张荔	61	及格			80（含）-90（含）	良	80
6	王静波	95	优			90（不含）-100	优	90.1
7	石三节	13	不及格					
8	仔仔	76	中					
9	毕研博	86	良					
10	虫儿飞	83	良					

图 6-31

【本节小结】

通过本章所学，表姐着重介绍了 Excel 查找家族——VLOOKUP 函数"一家三兄弟"。查找函数的学习，彻底解放复制【Ctrl+C】和粘贴【Ctrl+V】笨拙方法的应用。查询函数的应用，可以快速解决各类查找问题。

例如，两表信息核对、数据匹配、阶梯查找等。只要你给它的指令满足函数录入条件，它就能快速帮你搞定数据的查找引用。

结合第 5 章所学内容中"绝对引用"和"相对引用"的知识要点，更可以快速完成多行或多列制定查询信息属性值的匹配工作，应用好查询匹配函数的应用规则，让你从"人工劳作"模式，彻底解放出来。

第7章

你还在用 SUM 求和吗

BOSS

因为关关能够快速地完成 BOSS 安排的各种工作任务，最近 BOSS 给关关升职加薪了，刚找关关做完升职谈话后，就让关关将上半年各个项目的费用支出表汇总一下，这样也好为下半年的工作，提前做计划（见图 7-1）。

关关

关关，把上半年各个项目费用支出表给我汇总一下。

表姐，这个我会，用：SUM。

图 7-1

不用函数做计算

合并计算

关关说："好的，老板我这就去。"关关打开汇总表一看（见图7-2和图7-3），这个表里一共有上半年1~6月，6张工作表，分别记录了每个项目的各项成本支出明细表。要做上半年，各个项目、各类费用的汇总统计，心里暗自想：这个简单，我用SUM（求和）就可以了。

项目名称	人员工资	办公费	差旅费	商务活动费
XM7	81,799	92,925	41,317	61,814
XM23	11,006	5,459	96,560	17,422
XM10	41,485	46,863	79,282	61,229
XM5	35,654	39,615	77,624	44,816
XM8	92,580	79,212	65,454	41,025
XM27	95,779	16,904	67,689	28,750
XM11	62,623	54,298	44,781	83,772
XM13	97,178	63,758	95,568	6,112
XM19	91,790	40,744	38,212	81,559
XM15	48,338	72,329	32,315	57,650
XM5	77,619	80,725	3,011	65,304

表姐凌祯 | 1 | 2 | 3 | 4 | 5 | 6

图 7-2

项目名称	人员工资	办公费	差旅费	商务活动费	项目专家费	推广费	其他费用
XM24	94,552	22,634	49,610	26,927	24,892	90,135	26,065
XM23	51,196	88,169	53,846				6,850
XM21	3,309	26,321	10,269	66,936	49,104	69,338	14,841
XM17	20,497			41,269	63,797	43,564	11,056
XM5	56,189	80,116	66,264	63,237	24,612	14,785	37,183
XM30	62,244	61,796	39,959	64,006			49,680
XM21	68,784	10,924	1,116	72,862	13,312	84,954	89,145
XM2	6,305	21,231	49,776	6,395	94,808	92,915	97,446

表姐凌祯 | 1 | 2 | 3 | 4 | 5 | 6

图 7-3

表姐看到关关，在每一个单元格，录入SUM求和公式后，再把它们复制粘贴、移到一个表里，又在插入行、合并行地做统计……立马喊住了关关，对他说："来，跟我学'不用函数'，也能做合并计算！"

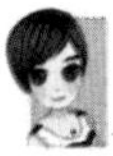

本节导入

对于数据求和来说，大家熟识的计算公式均是"SUM 函数"，那么计算各行各列求和结果呢？读者朋友一定会想到第 5 章【Ctrl+Enter】函数批量填充的方法，但这种方式需要对列和行设定不同的计算公式，是否还有更简捷快速的方法呢？

本章表姐将介绍"合并计算"功能键和快捷键【ALT+=】的使用，让你学会多表、多行、多列快速计算技巧，赶快进入本节知识要点学习吧！

7.1 快速搞定多表"合并计算"

1. 合并计算

（1）打开图书配套的Excel示例源文件，找到"2.3你还在用SUM求和吗？"文件，新建一个空白工作表，如"Sheet1"表→选择【数据】选项卡中→【合并计算】选项（见图7-4）。

图 7-4

（2）在弹出的【合并计算】对话框中 → 单击【引用位置】 → 选择工作表【1】中数据明细的区域，即【A1：E12】单元格区域 → 单击【添加】按钮（见图7-5）。添加后，这个数据区域，会显示在底部【所有引用位置】框中。

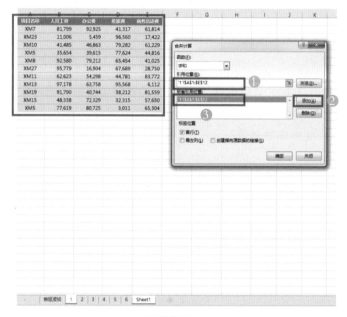

图 7-5

（3）依次选择工作表【2】【3】【4】【5】【6】中的数据明细区域，并依次单击【添加】按钮，将它们的数据来源区域，全部添加后，效果如图7-6所示。

（4）在本例中，要对第一列中的项目名称和第一行中的费用名称，进行分类汇总计算。因此，要勾选【标签位置】中的【首行】及【最左列】复选框（见图7-7） → 然后单击【确定】按钮，即可在新建的Sheet1工作表中，完成多个表格数据的快速汇总统计（见图7-8）。

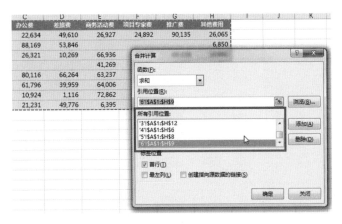

图 7-6

图 7-7

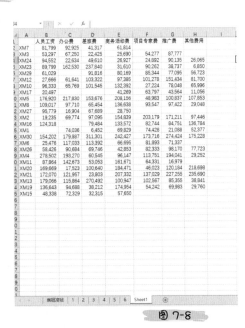

图 7-8

7.2 一键完成行列的快速计算：ALT+=

我们做完的汇总表（见图7-8）只有数据，还没有针对所有数据的汇总，只是个"半成品"。因此我们对这张表再进一步优化后，才能提交给领导。

（1）打开"Sheet1"表，在末行及末列添加【小计】及【总计】（见图7-9）→按快捷键【Ctrl+A】全选表格→此时，只需按快捷键【Alt+=】，就能快速完成行、列的"一键求和"（见图7-10）。

	人员工资	办公费	差旅费	商务活动费	项目专家费	推广费	其他费用	小计
XM7	81,799	92,925	41,317	61,814				
XM3	53,297	67,250	22,425	25,690	54,277	87,777		
XM24	94,552	22,634	49,610	26,927	24,892	90,135	26,065	
XM23	89,799	162,530	237,840	31,610	90,262	38,737	6,850	
XM29	61,029		91,816	80,169	85,344	77,095	56,723	
XM12	27,666	61,641	103,322	97,385	101,278	151,434	81,700	
XM10	96,333	65,769	101,545	132,392	27,224	78,048	65,996	
XM17	20,497			41,269	63,797	43,564	11,056	
XM5	176,920	217,830	153,676	208,156	48,983	100,837	107,853	
XM8	109,017	97,710	65,454	136,638	93,547	97,422	29,048	
XM27	95,779	16,904	67,689	28,750				
XM2	19,235	69,774	97,095	154,839	203,179	171,211	97,446	
XM16	124,318		79,484	133,572	82,744	84,751	136,784	
XM1		74,036	6,452	69,829	74,428	21,088	52,377	
XM30	154,202	179,887	311,301	242,427	173,716	274,424	175,228	
XM6	25,476	117,033	113,392	66,695	81,893	71,337		
XM26	58,426	90,684	69,746	42,853	82,333	98,170	77,723	
XM4	278,502	193,270	60,545	96,147	113,751	194,041	29,252	
XM11	87,864	142,673	53,053	161,671	64,331	16,979		
XM20	169,669	17,523	100,640	184,471	46,023	120,184	218,698	
XM21	172,070	121,957	23,803	207,332	137,029	227,255	235,690	
XM13	179,066	115,864	270,492	100,947	102,567	85,355	38,841	
XM19	136,643	94,688	38,212	174,954	54,242	69,983	29,760	
XM15	48,338	72,329	32,315	57,650				
总结								

图 7-9

A	人员工资	办公费	差旅费	商务活动费	项目专家费	推广费	其他费用	小计
XM7	81,799	92,925	41,317	61,814				277,855
XM3	53,297	67,250	22,425	25,690	54,277	87,777		310,716
XM24	94,552	22,634	49,610	26,927	24,892	90,135	26,065	334,815
XM23	89,799	162,530	237,840	31,610	90,262	38,737	6,850	657,628
XM29	61,029		91,816	80,169	85,344	77,095	56,723	452,176
XM12	27,666	61,641	103,322	97,385	101,278	151,434	81,700	624,426
XM10	96,333	65,769	101,545	132,392	27,224	78,048	65,996	567,307
XM17	20,497			41,269	63,797	43,564	11,056	180,183
XM5	176,920	217,830	153,676	208,156	48,983	100,837	107,853	1,014,255
XM8	109,017	97,710	65,454	136,638	93,547	97,422	29,048	628,836
XM27	95,779	16,904	67,689	28,750				209,122
XM2	19,235	69,774	97,095	154,839	203,179	171,211	97,446	812,779
XM16	124,318		79,484	133,572	82,744	84,751	136,784	641,653
XM1		74,036	6,452	69,829	74,428	21,088	52,377	298,210
XM30	154,202	179,887	311,301	242,427	173,716	274,424	175,228	1,511,185
XM6	25,476	117,033	113,392	66,695	81,893	71,337		475,826
XM26	58,426	90,684	69,746	42,853	82,333	98,170	77,723	519,935
XM4	278,502	193,270	60,545	96,147	113,751	194,041	29,252	965,508
XM11	87,864	142,673	53,053	161,671	64,331	16,979		526,571
XM20	169,669	17,523	100,640	184,471	46,023	120,184	218,698	857,208
XM21	172,070	121,957	23,803	207,332	137,029	227,255	235,690	1,125,136
XM13	179,066	115,864	270,492	100,947	102,567	85,355	38,841	893,132
XM19	136,643	94,688	38,212	174,954	54,242	69,983	29,760	598,482
XM15	48,338	72,329	32,315	57,650				210,632
总结	2,360,497	2,094,911	2,191,224	2,564,187	1,805,840	2,199,827	1,477,090	14,693,576

图 7-10

（2）还可以为表格设置颜色、字体、边框底纹等，或者是套用表格格式，变身"超级表"后，再提交给领导。鉴于这些操作，在前面的篇幅已经介绍过了，在此不做赘述，请读者朋友们利用图书配套的素材文件练习一下！

Excel 从小白到小能手

　　通过本章所学，我们学习了利用"合并计算"的功能，快速做出多张表的汇总统计，省去了原来将它们挨个儿手动复制粘贴，再用 SUM 求和。当然，除了手工输入 SUM 函数求和外，还可以利用按快捷键【ALT+=】一秒搞定数据求和。而且，数据求和、汇总、统计、分析的神器，不仅仅只有"合并计算"，表姐最最"心水"的还是"数据透视表"。

第8章

Excel 还能制作 "项目管理器"

Boss

今天关关可是头疼了，一早BOSS交代给关关一项工作：让关关制作各个项目进度的甘特图，并且还要特别标识、提醒近7天即将完工的项目。关关一看：这甘特图好专业呀，难道，这也能用Excle制作吗（见图8-1）？

关关

关关，制作各个项目进度的甘特图，并且特别标识、提醒近7天即将完工的项目。

表姐，这个甘特图好专业呀，也是用Excel做的吗？

图 8-1

项目管理

用Excel做

跟着表姐，分分钟搞定它

表姐经过，看见关关一脸迷茫，笑笑说："这个甘特图，还确实就是用Excel制作的哦！来，跟着表姐，分分钟搞定它！"（见图8-2）

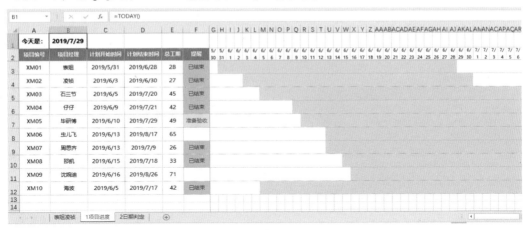

图 8-2

本节导入

小伙伴，有没有听说过"甘特图"啊？甘特图以提出者亨利·劳伦斯·甘特先生的名字命名，其图片含义是运用条状图，显示项目进度情况和其他时间相关的系统进展的内在关系。随着时间进展的情况，常常在各类项目计划书的时间进度中看到这类图片，好奇的小伙伴一定想知道Excel是否可以实现这类图的制作呢？本节表姐将教大家如何制作Excel中的甘特图。

8.1 项目进度甘特图的制作

1. 利用条件格式的制作甘特图

（1）打开图书配套的Excel示例源文件，找到"2.4 Excel还能制作项目管理器"文件，打开"1项目进度"表（见图8-3）。

在这张表中，从A到F列，分别是每个项目的：项目编号、项目经理、计划开始时间、计划结束时间、总工期以及老板要求的"提醒"（F列）。

从G列往后，依次填写的是项目进度的日期范围，从5月30日往后，逐日递增。

并且，在每一行中都用蓝色底纹，显示了这个项目的具体执行期间，比如，第3行，"XM01"的计划开始时间是2019/5/31，计划结束时间是2019/6/28；在G列往后的单元格中，它对应的日期下，填充的就是蓝色的进度条。

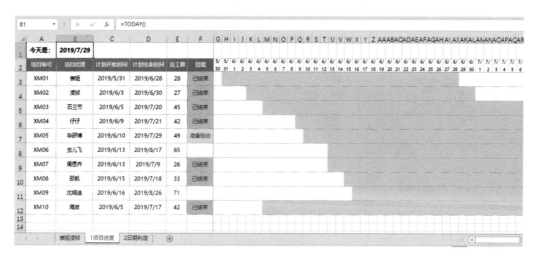

图 8-3

此外，在表中顶部的【B1】单元格，显示的是"今天的日期"。选中【B1】单元格，在编辑栏中，可见，它输入的是公式【=TODAY()】——能够自动显示计算机系统的当前日期。因此，当读者朋友打开本例时，会发现这个日期是随着每天的改变而动态变化的。

表姐提示

　　如果你想快速录入今天的日期，可以按快捷键【Ctrl+；】，即可快速录入系统当前日期，并且这个日期是固定值，不会像 TODAY 函数那样，随着日期的变化而动态变化。

　　此外，快速录入当前系统时间的快捷键是【Ctrl+Shift+；】，它对应的是 NOW 函数，公式的写法为 =NOW()。

（2）在图8-3中的项目管理表汇总，【E】列的【总工期】计算公式为：【D】列减去【C】列的值，比如，【E3】单元格的公式为：【=D3-C3】（见图8-4）。

E3	▼	:	× ✓	f_x	=D3-C3		

	A	B	C	D	E	F	G H I J
1	今天是：	2019/7/29					
2	项目编号	项目经理	计划开始时间	计划结束时间	总工期	提醒	5/30 5/31 6/1 6/2
3	XM01	表姐	2019/5/31	2019/6/28	28	已结束	
4	XM02	凌祯	2019/6/3	2019/6/30	27	已结束	
5	XM03	石三节	2019/6/5	2019/7/20	45	已结束	
6	XM04	仔仔	2019/6/9	2019/7/21	42	已结束	
7	XM05	毕研博	2019/6/10	2019/7/29	49	准备验收	

图 8-4

我们可以使用加减法，对日期进行计算。这是因为，日期的本质是数字。比如，选中B1单元格后，然后单击【开始】选项卡中【数字格式】右侧的小三角（见图8-5）。可以发现，如果我们将单元格格式修改为【数字】，那么【B1】单元格真实的值是【43 675】。它代表从1900年1月0日起到2019年7月29日，一共经过了43 675天。

它之所以会显示为【2019/7/29】的样式，是因为它的单元格格式为【短日期】，如果我们将它修改为【长日期】，那么它就会变成【2019年7月29日】。

因此，如果在单元格中输入一个数字【1】，然后设置它的单元格格式为【短日期】，会发现，它就显示为【1900/1/1】。

表姐提示

单元格内存储的数据，就好像是"水"；无论你把它装在马克杯、保温杯、玻璃杯还是暖壶里，它始终都是"水"。并不会因为装它的容器发生了变化，"水"会变成咖啡、牛奶等。

也就是说，我们通过设置单元格格式，改变的只是"水（单元格中数据）"的不同"显示方式"，并不会改变"水（单元格中数据）"本身。

图 8-5

（3）下面咱们来分析一下，从【G】列往后的日期中进度条的制作方法：首先建立了一个公式，利用IF函数，判断第2行中的日期，是否处于【C】列的"计划开始日期"和【D】列的"计划结束日期"之间。

如果满足这个条件，它就利用"条件格式"显示出蓝色的底纹，否则就是白色的。

因此，我们在【G3】单元格设置公式=IF(AND(G$2>=$C3,G$2<=$D3),1,0)（见图8-6）。

表姐提示

注意单元格的引用方式，我们是根据第2行的日期，分别和C、D列的计划开始、结束日期，进行一一对比。因此，第2行的具体执行日期是锁定行的；而C、D列计划开始、结束日期则是要固定，锁死在这两列中。

并将它应用在【G】列往后的所有日期对应的区域【G3：CW12】中（见图8-7）。

设置完毕后，可见：

【G3】单元格对应的日期【5/30】不满足，同时≥C3的"计划开始时间"【2019/5/31】并且≤D3的"计划结束时间"；因此，IF函数的计算结果，实际上是=0的。

而【H3】单元格对应的日期【5/31】同时满足了，即≥C3的"计划开始时间"【2019/5/31】，又≤D3的"计划结束时间"。因此，IF函数的计算结果，实际上是=1的。

其他单元格的计算逻辑同上所述，读者朋友们可以自行进行验证。

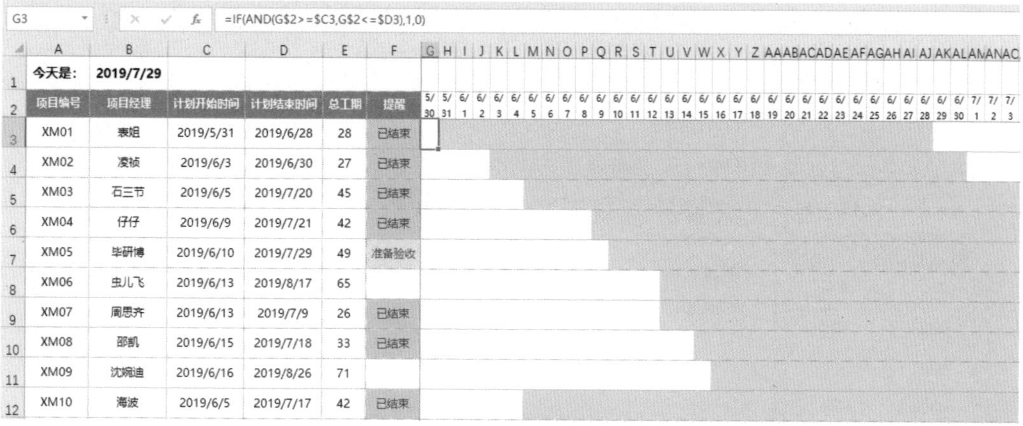

G3 | fx =IF(AND(G$2>=$C3,G$2<=$D3),1,0)

项目编号	项目经理	计划开始时间	计划结束时间	总工期	提醒
今天是:	2019/7/29				
XM01	表姐	2019/5/31	2019/6/28	28	已结束
XM02	凌祯	2019/6/3	2019/6/30	27	已结束
XM03	石三节	2019/6/5	2019/7/20	45	已结束
XM04	仔仔	2019/6/9	2019/7/21	42	已结束
XM05	毕研博	2019/6/10	2019/7/29	49	准备验收
XM06	虫儿飞	2019/6/13	2019/8/17	65	
XM07	周思齐	2019/6/13	2019/7/9	26	已结束
XM08	邵凯	2019/6/15	2019/7/18	33	已结束
XM09	沈婉迪	2019/6/16	2019/8/26	71	
XM10	海波	2019/6/5	2019/7/17	42	已结束

图 8-6

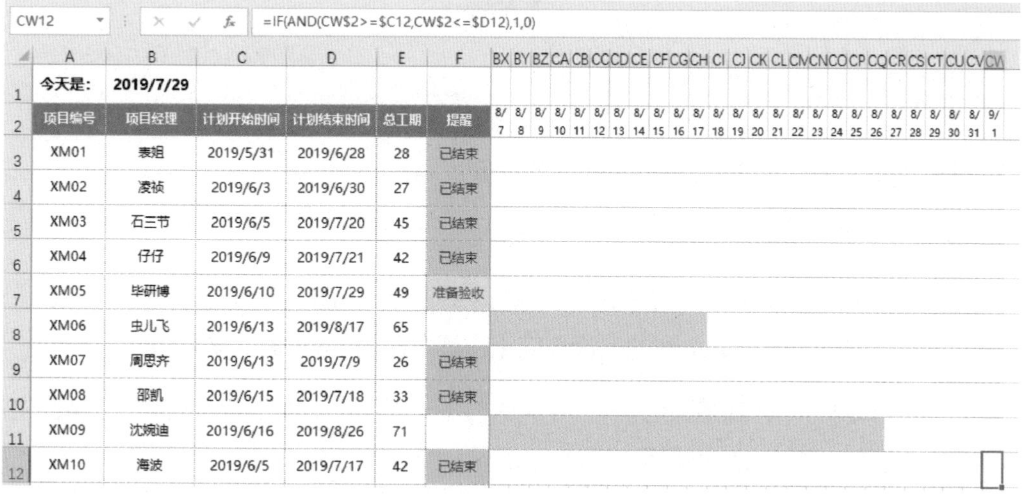

CW12 | fx =IF(AND(CW$2>=$C12,CW$2<=$D12),1,0)

项目编号	项目经理	计划开始时间	计划结束时间	总工期	提醒
今天是:	2019/7/29				
XM01	表姐	2019/5/31	2019/6/28	28	已结束
XM02	凌祯	2019/6/3	2019/6/30	27	已结束
XM03	石三节	2019/6/5	2019/7/20	45	已结束
XM04	仔仔	2019/6/9	2019/7/21	42	已结束
XM05	毕研博	2019/6/10	2019/7/29	49	准备验收
XM06	虫儿飞	2019/6/13	2019/8/17	65	
XM07	周思齐	2019/6/13	2019/7/9	26	已结束
XM08	邵凯	2019/6/15	2019/7/18	33	已结束
XM09	沈婉迪	2019/6/16	2019/8/26	71	
XM10	海波	2019/6/5	2019/7/17	42	已结束

图 8-7

下面就是对【G3: CW12】应用了公式的区域，进行条件格式设置。

通过选择【开始】选项卡下→在【条件格式】选项→选择【管理规则】选项→在弹出的【条件格式规则管理器】对话框中，可以看到，条件格式的设置规则有2组，分别是：

当选中区域的计算结果 =1 时，显示为蓝色字体、蓝色底纹的样式；

当选中区域的计算结果=0时，显示为白色字体、白色底纹的样式。

这也就实现了根据项目进度日期，动态展示项目进程的效果。

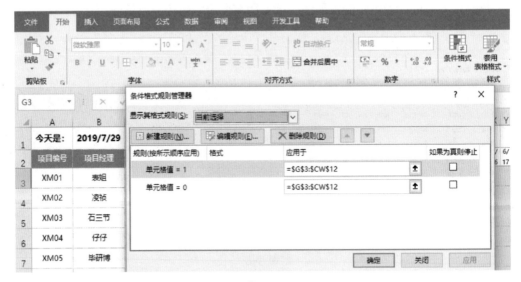

图 8-8

2. 编写【状态提醒】

我们再来分析，从【F】列"提醒"的业务逻辑：

首先建立了一个公式，利用IF函数进行第二重判断：

1. 如果今天的日期>【D】列的"计划结束日期"，那就意味着项目"已结束"；否则（当今天的日期≤【D】列的"计划结束日期"时），进入第二重判断。

2. 如果D列的"计划结束日期"-今天的日期≤7（天），那么就给它做个提醒"准备验收"；否则，就什么也不显示，即为空。

在做完IF函数的判断后，根据计算结果，再利用条件格式，对"已结束"和"准备验收"进行突出显示，起到提醒的效果就好。

下面再看看具体的实现方式：

（1）选中【F3】单元格可见，其公式为【=IF(TODAY()>D3,"已结束",IF(D3-TODAY()<=7,"准备验收",""))】（见图8-9），且其下方单元格【F4：F12】的计算逻辑相同。

在 Excel 的函数公式中，用两个连续的英文状态下的双引号："" ，表示为空文本，即计算结果，显示为空。

	A	B	C	D	E	F	G H I J K L M
1	今天是：	2019/7/29					5/ 5/ 6/ 6/ 6/ 6/
2	项目编号	项目经理	计划开始时间	计划结束时间	总工期	提醒	30 31 1 2 3 4 5
3	XM01	表姐	2019/5/31	2019/6/28	28	已结束	
4	XM02	凌祯	2019/6/3	2019/6/30	27	已结束	
5	XM03	石三节	2019/6/5	2019/7/20	45	已结束	
6	XM04	仔仔	2019/6/9	2019/7/21	42	已结束	
7	XM05	毕研博	2019/6/10	2019/7/29	49	准备验收	
8	XM06	虫儿飞	2019/6/13	2019/8/17	65		
9	XM07	周思齐	2019/6/13	2019/7/9	26	已结束	
10	XM08	邵凯	2019/6/15	2019/7/18	33	已结束	
11	XM09	沈婉迪	2019/6/16	2019/8/26	71		
12	XM10	海波	2019/6/5	2019/7/17	42	已结束	

F3 单元格：=IF(TODAY()>D3,"已结束",IF(D3-TODAY()<=7,"准备验收",""))

图 8-9

（2）下面就是对【F3：F12】应用了公式的区域，进行条件格式设置。

通过选择【开始】选项卡下→【条件格式】→选择【管理规则】选项→在弹出的【条件格式规则管理器】对话框中，可以看到，它们条件格式的设置规则有2组，分别如下所示（见图8-10）。

当选中区域的单元格的值="已结束"时，显示为深红色字体、浅红色底纹的样式。

当选中区域的单元格的值="准备验收"时，显示为深绿色字体、浅绿色底纹的样式。

在实际操作时，我们可以通过选中需要设置条件格式规则的区域，然后选择【开始】选项卡→【条件格式】→【突出显示单元格规则】→【等于】选项（见图8-11）→在弹出的【等于】对话框下的【为等于以下值的单元格设置格式：】文本框（见图8-12）中填写需要突出显示的内容，对其样式进行设置。

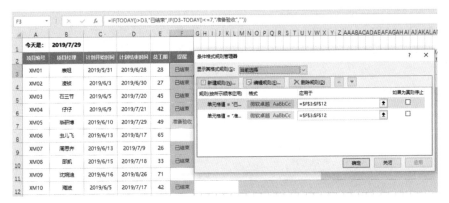

图 8-10

图 8-11

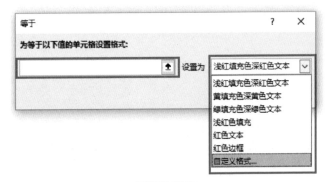

图 8-12

Excel 从小白到小能手

你看，看似简单的IF函数+日期判断+条件格式，就能够实现意想不到的效果——利用Excel制作项目管理器。在这个过程中，表姐主要对表格设计的逻辑和思路，进行讲解。因为做表的思路和逻辑，从根本上决定一张表格的好坏！

当然，最重要的还是需要读者朋友按照这样的方式，结合到自己的工作中，管控项目和工作。

此外，我们还理解了日期的本质是数字，因此它可以像数字一样进行加减计算。下面，表姐对日期函数在实际工作中常见的"年休假"计算进行介绍，让我们一起来看看，关于日期的一些计算问题吧！

8.2 "年休假"之日期的计算

☞ 1. 工龄的计算

（1）打开图书配套的Excel示例源文件，找到"2.4Excel还能制作项目管理器"文件（见图8-13），我们要根据右侧年休假的规则，完成每个员工入职年数、入职月数，以及最终年休假的天数计算。

	A	B	C	D	E	F	G	H
1	姓名	入职日期	入职年数	入职月数	年休假	组合公式		1.不足1年，按入职月份/12*7计算
2	表姐	2016/08/06						2.入职1-3年，7天
3	凌祯	2017/08/08						3.入职3年以上，每多1年+1天
4	CHUN	2015/10/31						
5	张嘉	2014/06/03						
6	王静波	2008/04/09						
7	杨明	2009/05/10						
8	仔仔	2011/08/13						
9	毕研博	2010/01/26						
10	虫儿飞	2018/11/23						

图 8-13

首先，我们要计算的是【入职年数】，它就是，今天日期-入职日期，相隔的年数。这里，我们用到的是：DATEDIF函数，基本语法如下。

=DATEDIF(start_date,end_date,unit)

参数①start_date：需要计算的起始日期。

参数②end_date：需要计算的结束日期。

参数③unit：为计算结果的返回类型。

具体类别如下。

"Y"起始日期与结束日期相差的整年数。

"M"起始日期与结束日期相差的整月数。

"D"起始日期与结束日期相差的天数。

"MD"起始日期与结束日期的同月间隔天数。忽略日期中的月份和年份。

"YD"起始日期与结束日期的同年间隔天数。忽略日期中的年份。

"YM"起始日期与结束日期的同年间隔月数。忽略日期中的年份。

在本例C列中,我们要计算的是入职年份,即年份差值。因此使用【DATEDIF函数】,并且第三参数为"Y"。

表姐提示

DATEDIF 函数是 Excel 隐藏函数,其在帮助和插入公式中没有,需要我们手动录入。

(2)编写【C】列【入职年数】公式 → 在 C2 单元格,输入公式【=DATEDIF(B2,TODAY(),"Y")】 → 按【Enter】键确认录入即可(见图8-14)。

图 8-14

温馨提示

表姐在编写本例书稿时,是 2019 年 8 月 1 日,本例所示的 TODAY 函数计算的结果也是"2019-8-1",读者朋友们在打开本例时,具体日期会发生变化,大家为了测试公式结果,可以直接把公式中的 TODAY() 更改为:"2019-8-1"。

Excel 从小白到小能手

在本例中的表，因为套用表格格式，已经自动变身为超级表了。所以，当按【Enter】键确认时，整列的公式会自动填充。并且，如果我们不是采用手动输入"B2"的方式，而是直接选中【B2】单元格，公式会自动显示为超级表特有的"结构化引用方式"：【=DATEDIF([@入职日期],TODAY(),"Y")】，也就是将【B2】写为：@[字段名]，即[@入职日期]，它表示：入职日期字段下的当前行的值（见图8-15）。

C2		fx	=DATEDIF([@入职日期],TODAY(),"Y")					
	A	B	C	D	E	F	G	H
1	姓名	入职日期	入职年数	入职月数	年休假	组合公式		1.不足1年，按入职月份/12*7计算
2	表姐	2016/08/06	2					2.入职1-3年，7天
3	凌祯	2017/08/08	1					3.入职3年以上，每多1年+1天
4	CHUN	2015/10/31	3					
5	张嘉	2014/06/03	5					
6	王静波	2008/04/09	11					
7	杨明	2009/05/10	10					
8	仔仔	2011/08/13	7					
9	毕研博	2010/01/26	9					
10	虫儿飞	2018/11/23	0					

图 8-15

（3）同理，完成【D】列【入职月数】的计算——在D2单元格，输入公式【=DATEDIF([@入职日期],"2019-8-1","M")】——按【Enter】键确认录入即可（见图8-16）。温馨说明：本例将TODAY函数更改为："2019-8-1"，得到的计算结果，是不随系统时间变化而变化的固定值。因此，当你打开本书素材时，计算结果依旧如图8-16所示。

SUM		fx	=DATEDIF([@入职日期],"2019-8-1","M"					
	A	B	C	D	E	F	G	H
1	姓名	入职日期	入职年数	入职月数	年休假	组合公式		1.不足1年，按入职月份/12*7计算
2	表姐	2016/08/06	2	1","M")				2.入职1-3年，7天
3	凌祯	2017/08/08	1	23				3.入职3年以上，每多1年+1天
4	CHUN	2015/10/31	3	45				
5	张嘉	2014/06/03	5	61				
6	王静波	2008/04/09	11	135				
7	杨明	2009/05/10	10	122				
8	仔仔	2011/08/13	7	95				
9	毕研博	2010/01/26	9	114				
10	虫儿飞	2018/11/23	0	8				

图 8-16

（4）完成【入职年数】和【入职月数】的计算后，我们就要在【E】列计算【年休假】的天数。

根据右侧的原则表，我们的IF公式计算逻辑，如图8-17所示。

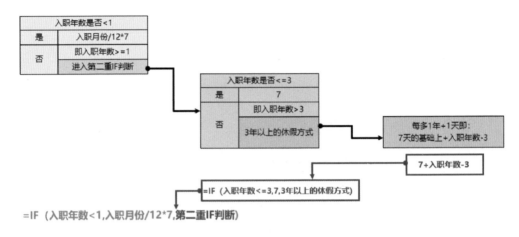

图 8-17

根据逻辑结构图，再写公式，也就不复杂了→在【E2】单元格，输入公式：【=IF([@入职年数]<1,[@入职月数]/12*7,IF([@入职年数]<=3,7,7+[@入职年数]-3))】→按【Enter】键确认录入即可（见图8-18）。

E10	▼	:	×	✓	fx	=IF([@入职年数]<1,[@入职月数]/12*7,IF([@入职年数]<=3,7,7+[@入职年数]-3))		
▲	A	B	C	D	E	F	G	H
1	姓名	入职日期	入职年数	入职月数	年休假	组合公式		1.不足1年，按入职月份/12*7计算
2	表姐	2016/08/06	2	35	7			2.入职1-3年，7天
3	凌祯	2017/08/08	1	23	7			3.入职3年以上，每多1年+1天
4	CHUN	2015/10/31	3	45	7			
5	张嘉	2014/06/03	5	61	9			
6	王静波	2008/04/09	11	135	15			
7	杨明	2009/05/10	10	122	14			
8	仔仔	2011/08/13	7	95	11			
9	毕研博	2010/01/26	9	114	13			
10	虫儿飞	2018/11/23	0	8	4.666666667			

图 8-18

（5）在图8-18中，可见【E10】单元格，计算的结果是"4.666666666667"天，在实际工作中，遇到这样的情况是，我们要对计算的结果，进行"四舍五入"取整。用到的是【ROUND函数】公式为：

=round(number,digits)

它只有两个参数，第1个参数number表示：你要四舍五入的数字，在本例中，就是前面IF嵌套写出的天数。第2个参数digits表示：小数点后要保留的位数。其中：

当digits>0时，表示四舍五入到小数点右侧几位，比如，2表示，保留小数点后2位小数。

当digits=0时，表示四舍五入到整数位，比如，0表示，最接近的整数。

当digits＜0时，表示四舍五入到小数点左侧几位，比如，−1表示，保留小数点前1位，即十位数。

所以，我们可以用【ROUND函数】对图8-18计算的结果，进行进一步优化。将E2单元格的公式改为：【=ROUND(IF([@入职年数]<1,[@入职月数]/12*7,IF([@入职年数]<=3,7,7+[@入职年数]−3)),0)】

如图8-19所示，即四舍五入取整为整天，那么【E10】单元格的计算结果，也从"4.666666666667"天，变成了"5"天。

图8-19

（6）如果你想把前面的计算过程，全部合并成一个公式，只需在【F】列组合公式中，将【E】列的公式里，关于【入职年数】【入职月数】的计算，替换为【C】【D】列的计算公式即可。

用复制粘贴的方式，把前面的内容，粘贴到对应的位置后，如图8-20所示，【F2】单元格的公式为：

【=ROUND(IF(DATEDIF([@入职日期],TODAY(),"Y")<1,DATEDIF([@入职日期],"2019-8-1","M")/12*7,IF(DATEDIF([@入职日期],TODAY(),"Y")<=3,7,7+DATEDIF([@入职日期],TODAY(),"Y")−3)),0)】（见图8-20）。

| F2 | | × ✓ fx | =ROUND(IF(DATEDIF([@入职日期],TODAY(),"Y")<1,DATEDIF([@入职日期],"2019-8-1","M")/12*7,IF(DATEDIF([@入职日期],TODAY(),"Y")<=3,7,7+DATEDIF([@入职日期],TODAY(),"Y")-3)),0) |

	A	B	C	D	E	F	G	H	I	J
1	姓名	入职日期	入职年数	入职月数	年休假	组合公式		1.不足1年，按入职月份/12*7计算		
2	表姐	2016/08/06	2	35	7	7		2.入职1-3年，7天		
3	凌帧	2017/08/08	1	23	7	7		3.入职3年以上，每多1年+1天		
4	CHUN	2015/10/31	3	45	7	7				
5	张磊	2014/06/03	5	61	9	9				
6	王静波	2008/04/09	11	135	15	15				
7	杨明	2009/05/10	10	122	14	14				
8	仔仔	2011/08/13	7	95	11	11				
9	毕研博	2010/01/26	9	114	13	13				
10	虫儿飞	2018/11/23	0	8	5	5				

图 8-20

【本节小结】

　　本节所学内容，不仅教大家 Excel 中甘特图的制作方法，而且结合第三节所学知识点中条件格式显示方法，实现动态监控的效果。

　　在此基础上，引入员工"年休假"计算技巧场景，介绍"DATEDIF"函数和"ROUND"函数应用方法以及"IF"函数嵌套公式的编辑技巧，熟练掌握函数计算意义和参数含义，可实现多重嵌套公式的编写。

　　综上所述，本章重点介绍了工作中常用的几个函数：高频的 IF 函数、搞定各项查找工作的"三兄弟"（VLOOKUP、HLOOKUP、LOOKUP），还有日期函数的计算、ROUND 四舍五入函数等。我们还掌握了利用绘制公式"逻辑结构图"的方式，整理我们解决问题的思路。

　　大家平时在工作中，遇到其他的问题也是一样的处理方式：认真看看你的表格、分析一下问题是什么、怎么解决的，把计算的逻辑画出来。后面的工作，就是具体用什么公式了。

　　我们掌握了解决问题的方法和学习函数公式的思路，那么即使遇到不会的函数，只要上网查一查，会很快能掌握。

　　对了，写长长的嵌套公式，也不用担心。可以像表姐一样，先一步步将它们分解出来，多做几个辅助列。最后，如果想要把公式组合到一起，只需把对应的单元格替换为辅助列里的公式即可。

　　多练习几次，表姐相信你一定会不再"害怕"公式，而是把它变成你工作中的"好帮手"！

第 三 篇

数据分析必备的「数据透视表」

第9章
数据透视表——彻底让你飞起来（BUG统计）

Boss

关关，今天我要看到上半年的业绩情况。比周报多增加两个维度的统计：按月份、人员分别呈报。

关关

每个月的周报，我都不敢告诉Boss，每日都是用计算器按到晚上11点。现在Boss居然下班就要半年报，还要增加统计维度！

姓名	office技巧			管理能力				培训总人数
	Excel	PPT	Word	产品经理	沟通技巧	团队管理	知识IP	
王静波								
许倩								
表姐								
石三节								
凌祯								
虫儿飞								
沈婉迪								
杨明								

图 9-1

表姐，这是让我把上半年的表，再筛选一次吗

快来学习

数据透视表
各类报表一键生成
面对报表：
随叫随到！

叮铃，叮铃，叮铃，关关的电话响起。

关关："BOSS，您好！"

BOSS："关关，今天下班前我要看到上半年的业绩情况，要比周报增加两个维度的统计，要按月份、按人员分别呈报。"

嘟嘟嘟……

关关放下电话眉头紧锁，心想：每个月的周报，我都不敢告诉BOSS，我用计算器按到晚上11点。现在Boss居然下班就要年报，还要增加统计维度！怎么办，这难道是让我把上半年的表，再每个儿筛选一次吗（见图9-1和图9-2）？

投入总工时

求和项:核定工时	列标签								
行标签	毕研博	表姐	凌桢	石三节	王静波	许倩	杨明	仔仔	张磊	总计
1月	998	2481	807	1518	1129	942	1218	750	750	10593
2月	1238	1960	710	818	1032	942	1116	1177	1163	10156
3月	867	2697	715	1151	1017	813	585	1064	964	9873
4月	740	1219	1011	900	693	1226	1436	978	966	9169
5月	1013	2207	1101	1275	1126	1020	700	1323	1189	10954
6月	147	1092	942	398	755	485	987	462	812	6080
总计	5003	11656	5286	6060	5752	5428	6042	5754	5844	56825

完工数量

	月	（全部）
	是否完工	完成

计数项:开发人员	列标签						
行标签	A	B	C	D	E	F	总计
毕研博	14	8	11	9	10	4	56
表姐	38	30	33	12	8	13	134
凌桢	17	23	14	5	6	7	72
石三节	21	13	12	5	6	4	61
王静波	14	13	19	9	3	12	70
许倩	27	17	8	9	5	6	74
杨明	17	18	12	3	7	7	64
仔仔	20	16	13	6	5	8	68
张磊	15	14	15	6	5	4	59
总计	183	152	137	64	56	66	658

图 9-2

遇到这样的问题关关又来求助了："表姐，按照前面所学的，我已经把公司的BUG表，好好整理了。但是，BOSS的统计要求好多呀，比如，要每个月、每个人的工时统计，又要每个人、每个BUG类别已完成情况的次数统计；并且还要按照每个人，各自生成一份独立的统计表。"

表姐跟关关说："别担心，用数据透视表，点击鼠标就可以快速生成各类报表。而且它非常灵活，根本不怕BOSS要求多，因为所有的改变，都可以做到'随心所愿'哦！"

本节导入

　　每逢周报告、月报告以及年度报告时，我们并不能直接把原始数据直接发给老板，让老板自行计算。除了利用计算器计算数据周变化、月变化、年变化外，是否有更为简便快速的方法呢？表姐的回答是：必须有！那是什么神器呢？表姐也不会给大家卖关子了，Excel数据统计分析"神器"——数据透视表，让你快到飞起来！

9.1 创建数据透视表

（1）打开图书配套的Excel示例源文件，找到"3.1数据透视表——快到让你飞起来（BUG统计）"文件，打开"1数据源"表（如图9-3所示）→选中"1数据源"表中任意一个、输入了数据的单元格。

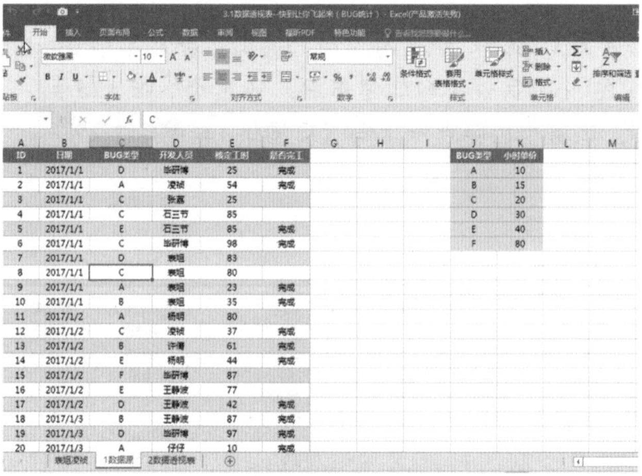

图 9-3

（2）选择【插入】选项卡下的【数据透视表】选项（如图9-4所示）→在弹出的【创建数据透视表】对话框中，数据来源的【表/区域】会自动选择刚刚选中单元格周围的一个连续的数据区域。

在本例中，即数据源表中的【$A$1:$F$1140】区域→在【选择放置数据透视表的位置】选项区域，默认选择【新工作表】即可（图9-5所示）→单击【确定】按钮。

图 9-4

图 9-5

（3）此时，Excel会自动创建一个空白工作表（如本例所示的Sheet1表），并且会在它的右侧出现【数据透视表字段】（见图9-6）。在字段列表区域的下方，是以下4个区域：

【筛选（或筛选器）】用于放置对整表的筛选字段，是统一全表的条件。

【列】用于放置统计中的主要字段，用于形成统计表的行名称。

【行】用于放置统计中的次要字段，用于形成统计表的列名称，可以和【行】形成交叉分析。

【值】用于放置统计中的具体汇总求和、计算个数的具体需要计算的字段。

表姐提示

Excel 数据透视表中字段的意思，实际上是将数据源中的每一列看成一个字段。在字段列表中，显示的字段名称，实际上就是数据源表中，每一列首行的标题行。即：字段名 = 列标题。

（4）下面，选中【日期】字段，并按住鼠标左键不放，将它拖动到【行】的位置。

　然后，选中【开发人员】字段，并按住鼠标左键不放，将它拖动到【列】的位置。

图 9-6

最后，选中【核定工时】字段，并按住鼠标左键不放，将它拖动到【值】的位置。

拖动三次鼠标以后，就完成个人的各月工时统计表【如图9-7】。

图 9-7

（5）当你要查看统计表中汇总结构的数据对应的明细内容时，只需双击你要查看数据的单元格，Excel就会自动生成一张新的工作表（如本例所示的Sheet 2表），显示这个汇总值对应的数据明细（如图9-8和图9-9）。

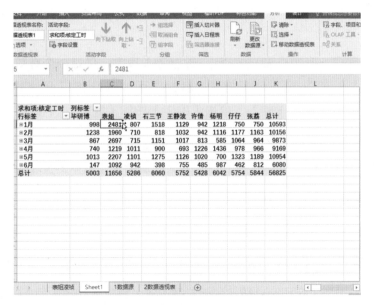

图 9-8

求和项:核定工时	列标签									
行标签	毕研博	表姐	凌祯	石三节	王静波	许倩	杨明	仔仔	张蕊	总计
⊞1月	998	2481	807	1518	1129	942	1218	750	750	10593
⊞2月	1238	1960	710	818	1032	942	1116	1177	1163	10156
⊞3月	867	2697	715	1151	1017	813	585	1064	964	9873
⊞4月	740	1219	1011	900	693	1226	1436	978	966	9169
⊞5月	1013	2207	1101	1275	1126	1020	700	1323	1189	10954
⊞6月	147	1092	942	398	755	485	987	462	812	6080
总计	5003	11656	5286	6060	5752	5428	6042	5754	5844	56825

图 9-9

9.2　更改统计汇总方式

（1）我们创建一张透视表➝选择【1数据源】表中，任意一个有数据内容的单元格➝选择【插入】选项卡下➝【数据透视表】选项➝在弹出的【创建数据透视表】对话框中➝默认选择【新工作表】➝单击【确定】按钮（同9.1（1）~（3）步骤截图所示）。

（2）在Excel会自动创建一个空白工作表，右侧出现【数据透视表字段】中：

选中【日期】字段，并按住鼠标左键不放，将它拖动到【筛选器】的位置；

选中【是否完工】字段，并按住鼠标左键不放，将它拖动到【筛选器】的位置；

选中【开发人员】字段，并按住鼠标左键不放，将它拖动到【行】的位置；

选中【BUG类型】字段，并按住鼠标左键不放，将它拖动到【列】的位置；

选中【核定工时】字段，并按住鼠标左键不放，将它拖动到【值】的位置（见图9-10）。

图 9-10

此时，完成的是公式汇总的统计。但BOSS要看的是，每个人完成了多少"单"。我们要统计的不是工时的求和，而是有多少行记录。也就是把数据透视表中，关于【核定工时】默认的"求和"方式，更改为"计数"的方式。

（3）选中【值】区域中【求和项：核定工时】右侧的小三角→单击倒三角小标，选择【值字段设置】→在弹出的【值字段设置】对话框中→选择【计算类型】下的【计数】选项→单击【确定】按钮（如图9-11）。

表姐提示

【值汇总方式】是数据源中的数值，按照什么样的计算逻辑进行汇总。

【值显示方式】是数据源中的数值汇总以后的结果，以什么样的形式进行展示。

（4）最后，我们要看的是【完工】情况的统计，只要在数据透视表顶部→选择【是否完工】单元格右侧的三角选项（见图1-12）→勾选【选择多项】复选框→勾选【完成】复选框→单击【确定】按钮，即可得到统计表（见图9-13）。

图 9-11

图 9-12

图9-13

9.3　数据透视表 + 函数：完成奖金计算统计表

在数据源表（见图9-3）中，并没有【项目奖金】的字段列，它是根据：当【F】列显示为"完成"状态时，按照【C】列的BUG类型，在右侧的【$J$2:$K$7】区域中，查找出对应的单价后，用单价*【E】列的核定工时，即可算出【项目奖金】金额；如果没有完成，奖金即为0。

梳理完工时逻辑以后，我们开始编辑工时：

（1）在【1数据源】表中，添加一列【项目奖金】→输入函数【=IF(F2="完成",E2*VLOOKUP(C2,$J$2:$K$7,2,0),0)】→将鼠标移至单元格右下角，当鼠标变成十字句柄时，双击鼠标左键，完成项目奖金整列公式的计算（见图9-14）。

（2）下面，我们再创建一张透视表→选择【1数据源】表中，任意一个有数据内容的单元格→选择【插入】选项卡下→【数据透视表】选择→在弹出的【创建数据透视表】对话框中→默认选择【新工作表】→单击【确定】按钮（同9.1节（1）~（3）步骤截图所示）。

Excel 从小①到小能手

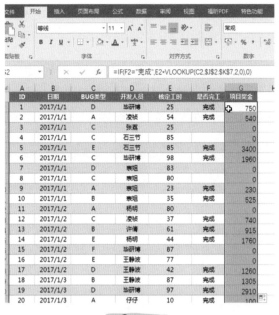

图 9-14

（3）在Excel会自动创建一个空白工作表，右侧出现【数据透视表字段】中：

选中【开发人员】字段，并按住鼠标左键不放，将它拖动到【筛选器】的位置；

选中【日期】字段，并按住鼠标左键不放，将它拖动到【行】的位置；

选中【BUG类型】字段，并按住鼠标左键不放，将它拖动到【列】的位置；

选中【核定工时】字段，并按住鼠标左键不放，将它拖动到【值】的位置（见图9-15）。

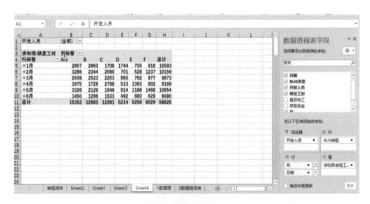

图 9-15

完成这份统计"母表"以后，Excel自动生成每个【开发人员】各自一份的"统计子表"。这里用到的是数据透视表"显示报表筛选页"的功能，让Excel自动拆分工作表，生成子透视表。

（1）选中数据透视表区域后→单击【数透视表工具】→【分析】选项卡下→【选项】右侧的小三角→选择【显示报表筛选页】选项（见图9-16）。

图 9-16

（2）在弹出的【显示报表筛选页】对话框中→选择【开发人员】→单击【确定】按钮即可完成：每个【开发人员】各自一份的，多张透视子表的批量创建（见图9-17、图9-18）。

图 9-17

Excel 从小白到小能手

▲	A	B	C	D	E	F	G	H	I	J	K
1	开发人员	表姐 ▼⊤									
2											
3	求和项:核定工时	列标签 ▼									
4	行标签 ▼	A	B	C	D	E	F	总计			
5	⊞1月	726	473	253	499	238	292	2481			
6	⊞2月	521	596	448	135	110	150	1960			
7	⊞3月	766	596	740	223	65	307	2697			
8	⊞4月	159	225	496	77	116	146	1219			
9	⊞5月	399	369	466	203	294	476	2207			
10	⊞6月	395	203	195	100	100	99	1092			
11	总计	2966	2462	2598	1237	923	1470	11656			
12											

| ◄ ► | 表姐凌祯 | 毕研博 | 表姐 | 凌祯 | 石三节 | 王静波 | 许倩 | 杨明 | 仔仔 | 张嘉 |

图 9-18

【本节小结】

　　通过本节所学，表姐向大家介绍了如何创建数据透视表、认识了它的字段和布局窗口、掌握了字段的拖动方法，应用数据透视表，我们无须手动计算各种变化周期汇总结果，同时也认识了不同的值统计方式，对透视统计结果的影响。

　　当然，还有"一键"批量创建透视子表的神奇工具——"显示报表筛选页"。是不是，发现用透视表工作，太快了，有没有跃跃欲试的感觉，同时也要赶紧拿起鼠标，自己动手"拖一拖""透一透"哟！

第10章
随心所愿的统计、布局方式——让你的报表更精彩

Boss

上次关关跟着表姐学习了如何应用Excel中的数据透视表，让各种报表填写速度快到飞起来，BOSS对关关越来越满意，升职加薪这都不是梦呀！

今天关关又找到表姐说："表姐，上次您教我的数据透视表，真的是太好用了，但是这么强大的表还有没有其他的隐藏用法呢？比如能不能用数据透视表，帮我统计一下：上半年招聘登录网站数据中，各用户的登录情况，看看比较高频的都是什么职位的？"（见图10-1）

客户编码	总时长	登录次数	职位	年龄	岗位	地区	平均登录时长	每周时长	每周次数
KH003	2	100	专员	33	采购工程师	深圳	0.02	0.0	3.8
KH006	1031	78	总监	47	FAE	深圳	13.22	40.0	3.0
KH007	1813	286	经理	38	采购工程师	广州	6.34	70.0	11.0
KH007	2362	234	专员	29	FAE	北京	10.09	91.0	9.0
KH008	2979	104	总监	38	采购工程师	广州	28.64	115.0	4.0
KH013	151	286	主管	30	销售	北京	0.53	6.0	11.0
KH015	2215	234	专员	34	销售	北京	9.47	85.0	9.0
KH016	1713	390	经理	44	整机设计	上海	4.39	66.0	15.0
KH016	1958	364	总监	39	销售	广州	5.38	75.0	14.0
KH017	2043	390	经理	40	整机设计	深圳	5.24	79.0	15.0
KH022	1419	130	主管	31	销售	深圳	10.92	55.0	5.0
KH023	2317	156	经理	46	整机设计	广州	14.85	89.0	6.0
KH026	1011	52	经理	34	FAE	深圳	19.44	39.0	2.0
KH026	2708	52	主管	29	采购工程师	深圳	52.08	104.0	2.0
KH027	766	182	经理	40	销售	上海	4.21	29.0	7.0
KH027	2732	364	经理	34	销售	北京	7.51	105.0	14.0
KH034	1887	130	经理	48	销售	深圳	14.52	73.0	5.0
KH035	516	338	专员	25	销售	广州	1.53	20.0	13.0
KH036	2974	156	总监	44	采购工程师	深圳	19.06	114.0	6.0
KH037	513	182	经理	44	采购工程师	广州	2.82	20.0	7.0

图 10-1

本节导入

　　数据透视表的应用，有效解决了众多小伙伴报表简单分析的需求。那么数据透视表的功能仅有求和、求平均、计数等简单统计报表吗？表姐的回答是——绝对不是哒！

　　本节表姐着重介绍【数据透视表工具】下→【分析】选项卡下的→【组选择】功能键的使用技巧，实现分段计数统计结果；同时介绍【设计】选项卡下→【报表布局】选择→【以表格形式显示】功能键的使用技巧，进一步改善呈现的形式。接下来，跟随表姐的介绍动起手来吧！

10.1　创建客户登入次数统计透视表

　　（1）打开图书配套的Excel示例源文件，找到"3.2认识数据透视表工具-数据的四维魔方"文件，打开"2017上半年客户访问情况"表（见图10-2）。

客户编码	总时长	登录次数	职位	年龄	岗位	地区	平均登录时长	每周时长	每周次数
KH003	2	100	专员	33	采购工程师	深圳	0.02	0.0	3.8
KH006	1031	78	总监	47	FAE	深圳	13.22	40.0	3.0
KH007	1813	286	经理	38	采购工程师	广州	6.34	70.0	11.0
KH007	2362	234	专员	29	FAE	北京	10.09	91.0	9.0
KH008	2979	104	总监	38	采购工程师	广州	28.64	115.0	4.0
KH013	151	286	经理	30	销售	北京	0.53	6.0	11.0
KH015	2215	234	专员	34	销售	北京	9.47	85.0	9.0
KH016	1713	390	经理	44	整机设计	上海	4.39	66.0	15.0
KH016	1958	364	总监	39	销售	广州	5.38	75.0	14.0
KH017	2043	390	经理	40	整机设计	深圳	5.24	79.0	15.0
KH022	1419	130	主管	31	销售	深圳	10.92	55.0	5.0
KH023	2317	156	经理	46	整机设计	广州	14.85	89.0	6.0
KH026	1011	52	经理	34	FAE	深圳	19.44	39.0	2.0
KH026	2708	52	主管	29	采购工程师	深圳	52.08	104.0	2.0
KH027	766	182	经理	40	销售	上海	4.21	29.0	7.0
KH027	2732	364	经理	34	销售	北京	7.51	105.0	14.0
KH034	1887	130	经理	48	销售	深圳	14.52	73.0	5.0
KH035	338	338	专员	25	销售	南京	1.53	20.0	13.0
KH036	2974	156	总监	44	采购工程师	深圳	19.06	114.0	6.0
KH037	513	182	经理	44	采购工程师	广州	2.82	20.0	7.0

图 10-2

（2）选择"2017上半年客户访问情况"工作表中任意有数据的单元格→选择【插入】选项卡下的【数据透视表】选项→在弹出的【创建数据透视表】对话框中→默认选择【新工作表】→单击【确定】按钮。

（3）在透视表中右侧的【数据透视表字段】中→将【登录次数】拖到【行】区域【见图10-3】。下面，我们先对客户登录的次数做分组，从而方便我们进一步做分析。

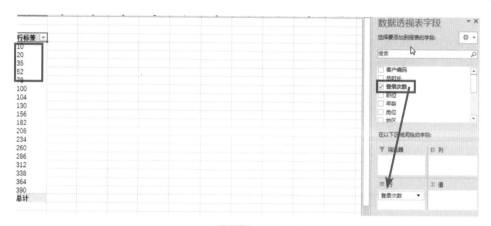

图 10-3

（4）【手动分组】：选中透视表区域中"100以内的数字"即【A4：A8】单元格→选择【数据透视表工具】中【分析】选项卡下的→【组选择】选项→将"100以内的数字"分为一组，并且透视表上会出现一个新行"数据组1"，它其中包含的就是原来选中的【A4：A8】单元格中的数字：10、20、35、52、78（如图10-4）。用这样手动的方法，可以将数字、行标签的数字，每100个分为一档。

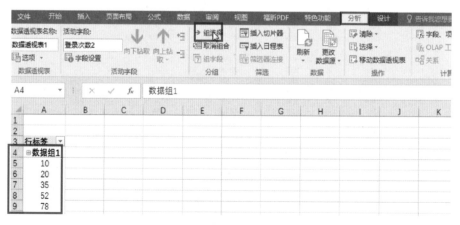

图 10-4

（5）【自动分组】：如果不想这样手动分组，可以按【Ctrl+Z】快捷键退回第（3）步操作后，使用自动分组的方式来做：

选中透视表区域中行标签的任何一个数字，比如【A4】，即数字10 → 选择【数据透视表工具】中【分析】选项卡下 → 【分组选择】选项 → 在弹出的【组合】对话框中设置如下

【起始于】设置为【0】；

【终止于】设置为【400】；

【步长】设置为【100】（见图10-5）→ 最后，单击【确定】按钮，即可完成自动分组（见图10-6））。

表姐提示

【步长】是指你的数据分组规则，以多"长"为一档。

图 10-5

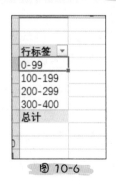

图 10-6

（6）将分组后的【登录次数】选中，将它拖到【列】→ 将【职位】拖到【行】→ 将【岗位】拖到【值】即可完成，各个分组（档位）中，它们登录次数的统计（见图10-7）。

表姐提示

通过图10-7得到的统计表，我们可以看出，登录招聘网站（模拟数据）的主要是主管级和经理级人员。因此，想要提高公司网站的单击率，可以设计更能吸引这些客户群关注的信息内容。

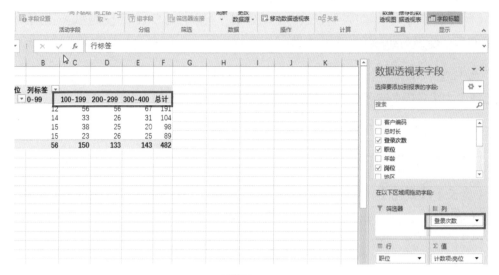

图 10-7

10.2 创建不同岗位地区招聘次数统计透视表

前面我们创建的透视表，都是默认【新工作表】，我们再来看看，如果想要把透视表放在已有的工作表区域中，应该如何操作？

（1）选择"2017上半年客户访问情况"中任意一个有数据的单元格→选择【插入】选项卡下的【数据透视表】选项→在弹出的【创建数据透视表】对话框中→选中【现有工作表】单选按钮→【位置】中选择【Sheet1】表的【A14】单元格（见图10-8）→单击【确定】按钮。

表姐提示

当你单击选择需要放置透视表的现有位置后，在【创建数据透视表】对话框中，就会显示它的地址名称。

（2）此时，数据透视表就会自动创建在你指定的在"Sheet1"表【A14】单元格的位置中。

（3）在【数据透视表字段】中：将【职位】、【岗位】拖到【行】→将【地区】拖到【列】→将【客户编码】拖到【值】（见图10-9）。

Excel 从小白到小能手

图 10-8

表姐提示

把任何一个文本型字段，如本例中的【客户编码】拖动到【值】区域中时，数据透视表的默认统计方式为"计数"。

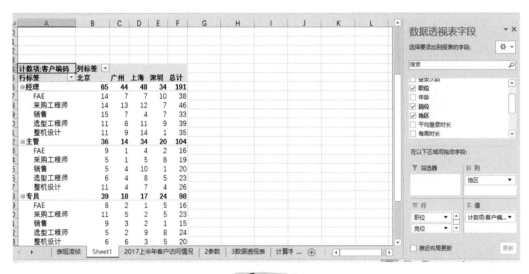

图 10-9

现在我们已经完成各个【职位】级别下，不同的【岗位】在不同城市的客户数量。现在图10-9中的数据透视表，是"上下层级"的布局方式，如果想让【职位】在左、【岗位】在右，只需更改数据透视表的"布局方式"即可。

（4）选中数据透视表区域→在【设计】选项卡下→【报表布局】→选择【以表格

形式显示】选项（见图10-10）→ 效果如图10-11所示。

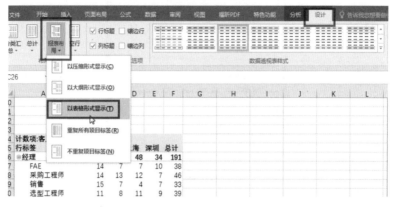

图 10-10

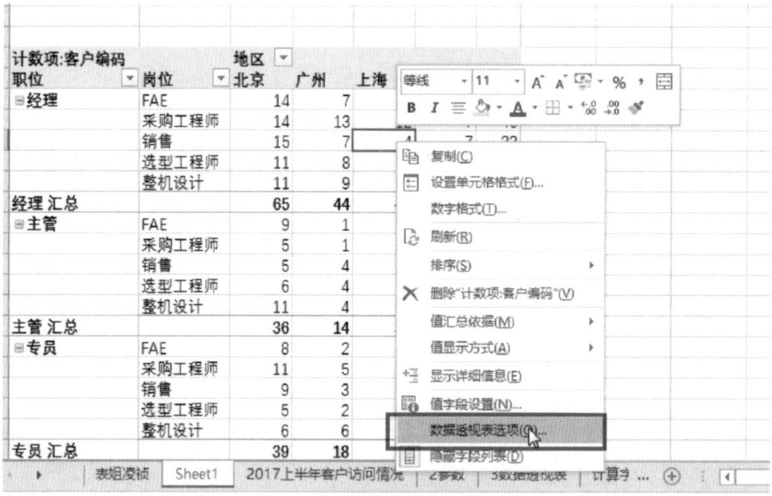

图 10-11

如果我们需要【职位】列中，相同的职位以合并单元格的形式进行显示，可以选中数据透视表区域以后 → 右击选择【数据透视表选项】命令（见图10-11）→ 在弹出的【数据透视表选项】对话框中 → 勾选【合并且居中排列带标签的单元格】复选框（见图10-12）→ 单击【确定】按钮即可完成（见图10-13）。

计数项:客户编码		地区				
职位	岗位	北京	广州	上海	深圳	总计
经理	FAE	14	7	7	10	38
	采购工程师	14	13	12	7	46
	销售	15	7	4	7	33
	选型工程师	11	8	11	9	39
	整机设计	11	9	14	1	35
经理 汇总		65	44	48	34	191
主管	FAE	9	1	4	2	16
	采购工程师	5	1	5	8	19
	销售	5	4	10	1	20
	选型工程师	6	4	8	5	23
	整机设计	11	4	7	4	26
主管 汇总		36	14	34	20	104
专员	FAE	8	2	1	5	16
	采购工程师	11	5	2	5	23
	销售	9	3	2	1	15
	选型工程师	5	2	9	8	24
	整机设计	6	6	3	5	20
专员 汇总		39	18	17	24	98
总监	FAE	10	1	6	3	20
	采购工程师	3	4	1	5	13
	销售	10	5	5	4	24
	选型工程师	11	4	5	1	24
	整机设计	1	1	2	4	8
总监 汇总		35	18	19	17	89
总计		175	94	118	95	482

图 10-12　　　　　　　　　图 10-13

10.3　表姐使用数据透视表的一些小技巧

（1）透视表的选中、移动和复制：

打开"3数据透视表"表→在已经创建好的透视表中，选择任意单元格→选择【数据透视表工具-分析】选项卡【选择】下的【整个数据透视表】选项（见图10-14）→然后按快捷键【Ctrl+C】复制，选中你需要粘贴的位置后，按快捷键【Ctrl+V】，即可完成快速粘贴（见图10-15）。

表姐提示

创建了一个数据透视表以后，表姐常常用复制粘贴的方法，快速复制一份透视表出来。然后再去修改这个复制后的透视表的字段布局。这样就省去了再去数据源表创建透视表的操作步骤了。

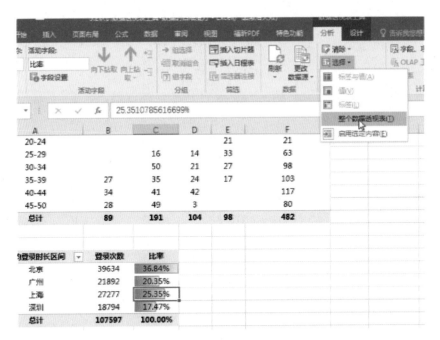

图 10-14

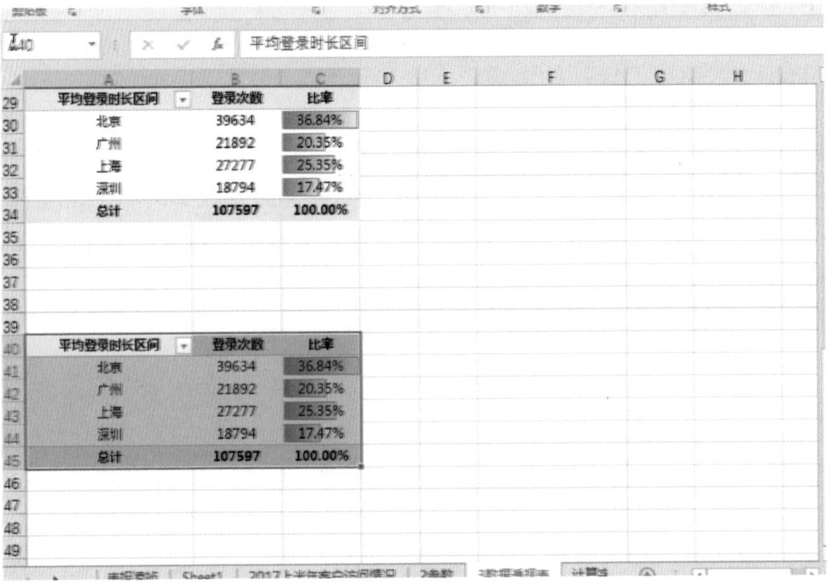

图 10-15

（2）将【登录次数】【比率】【地区】从数据透视字段中取消勾选，就得到一个空白的数据透视表（见图10-16）。

图 10-16

（3）下面将【客户编码】拖到【行】→将【总时长】两次拖动到【值】（见图10-17），在【值】区域，可以看到：【求和项：总时长】和【求和项：总时长2】两个一模一样的统计数据列。

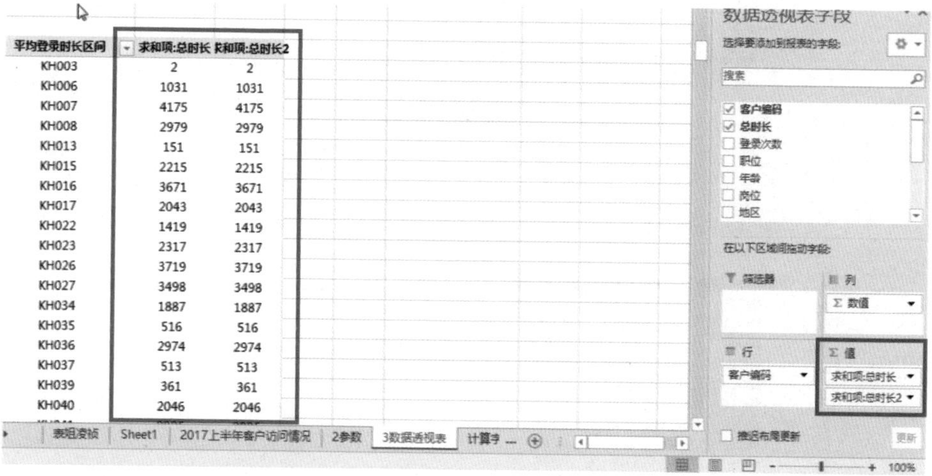

图 10-17

（4）选中【求和项：总时长2】中任何一个数字，比如【C41】单元格后，右击并选择【值显示方式】下的→【列汇总的百分比】命令（见图10-18）→即可将【求和项：总时长2】的呈现方式改为【总时长】数据中的每一行，对汇总总数所占比率的（百分比）显示效果，如图10-19所示。

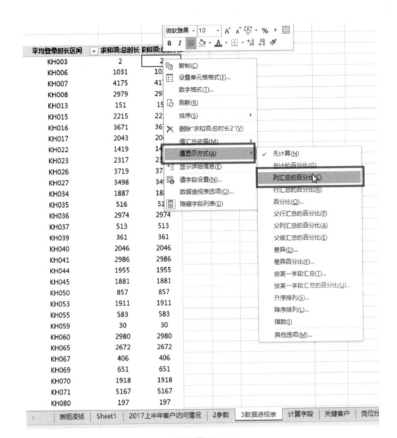

图 10-18

平均登录时长区间	求和项:总时长	R和项:总时长2
KH003	2	0.00%
KH006	1031	0.14%
KH007	4175	0.58%
KH008	2979	0.41%
KH013	151	0.02%
KH015	2215	0.31%
KH016	3671	0.51%
KH017	2043	0.28%
KH022	1419	0.20%
KH023	2317	0.32%
KH026	3719	0.52%
KH027	3498	0.49%
KH034	1887	0.26%
KH035	516	0.07%
KH036	2974	0.41%
KH037	513	0.07%
KH039	361	0.05%
KH040	2046	0.28%

C41 f_x 0.000277985108337746%

图 10-19

Excel 从小白到小能手

（5）如果要对统计的结果，进行排序，只需选中数据单元格，如【C41】单元格，右击并选择【排序】中→【升序】（或降序）（见图10-20）→即可完成对【总时长2】的升序（或降序）排列。

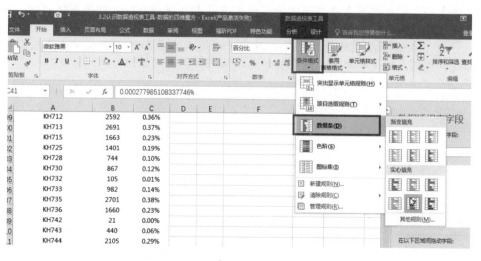

图 10-20

（6）下面只需选中【总时长】中需要进行条件格式显示的数据后→选择【开始】选项卡【条件格式】下的【数据条】选项，选择一个你喜欢的数据条样式（见图10-21）→完成对数据条格式的套用（见图10-22）。

图 10-21

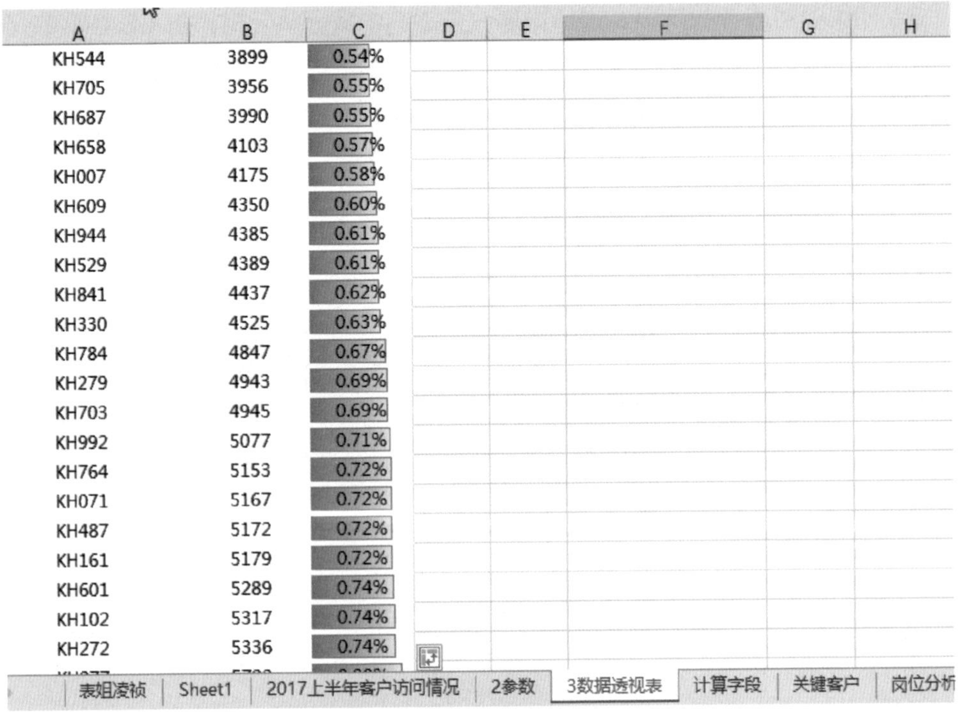

	A	B	C	D	E	F	G	H
	KH544	3899	0.54%					
	KH705	3956	0.55%					
	KH687	3990	0.55%					
	KH658	4103	0.57%					
	KH007	4175	0.58%					
	KH609	4350	0.60%					
	KH944	4385	0.61%					
	KH529	4389	0.61%					
	KH841	4437	0.62%					
	KH330	4525	0.63%					
	KH784	4847	0.67%					
	KH279	4943	0.69%					
	KH703	4945	0.69%					
	KH992	5077	0.71%					
	KH764	5153	0.72%					
	KH071	5167	0.72%					
	KH487	5172	0.72%					
	KH161	5179	0.72%					
	KH601	5289	0.74%					
	KH102	5317	0.74%					
	KH272	5336	0.74%					

表姐凌祯 | Sheet1 | 2017上半年客户访问情况 | 2参数 | 3数据透视表 | 计算字段 | 关键客户 | 岗位分析

图 10-22

【本节小结】

　　通过本节的学习，表姐介绍了数据透视表不同呈现功能的设置技巧，运用【组选择】和【报表布局】两项功能键，增添了报表呈现数据信息量和变化规律，体现出精炼却富有内容的报表。

　　除了表姐介绍的场景运用外，教师可以运用本节知识点透视学生成绩变化梯度，各科成绩变化规律，进而针对薄弱课程提供针对性练习计划！

　　巧妙应用数据透视表，让我们的数据会说话！

第11章

切片器：让数据透视表动起来

一早关关愁眉苦脸地坐在电脑前叹着气："哎，这到底应该怎么统计呀！"

表姐："怎么了关关？"

关关："昨天BOSS又给了我一个统计表，是我们平台上，各个合作的老师授课情况。让我给统计出一个联动表出来，数据量超级大，我这要做到什么时候呀？"（见图11-1）

培训日期	大区	校区	培训天数	老师	课程	课程得分	培训收入	培训人数
2017/1/1	华东	华东-4	2	表姐	团队管理	5	60000	94
2017/1/2	中南	中南-9	3	凌帧	沟通技巧	5	90000	95
2017/1/3	华北	华北-9	1	王静波	Excel	5	15000	60
2017/1/4	华北	华北-7	3	表姐	知识IP	2	75000	87
2017/1/5	华北	华北-5	3	仔仔	PPT	5	45000	40
2017/1/6	中南	中南-7	3	凌帧	沟通技巧	3	90000	19
2017/1/7	华北	华北-8	3	杨明	知识IP	5	75000	44
2017/1/8	东北	东北-9	1	许倩	Excel	3	30000	21
2017/1/9	东北	东北-4	3	许倩	团队管理	5	90000	69
2017/1/10	华东	华东-7	2	凌帧	产品经理	5	50000	83
2017/1/11	华北	华北-10	1	仔仔	产品经理	5	25000	72
2017/1/12	华北	华北-2	3	杨明	Excel	5	45000	74
2017/1/13	华北	华北-3	3	石三节	知识IP	3	75000	57
2017/1/14	东北	东北-1	3	许倩	团队管理	5	90000	59
2017/1/15	华东	华东-10	2	许倩	产品经理	5	50000	24
2017/1/16	西北	西北-4	3	表姐	Excel	3	45000	85
2017/1/17	华北	华北-9	3	毕研博	沟通技巧	5	90000	50
2017/1/18	华北	华北-6	1	海波	沟通技巧	5	30000	27
2017/1/19	华北	东北-8	1	杨明	Word	5	10000	87
2017/1/20	华北	华北-3	1	杨明	产品经理	5	25000	64
2017/1/21	华北	华北-10	2	虫儿飞	知识IP	3	50000	32
2017/1/22	西北	西北-6	3	海波	沟通技巧	5	90000	53
2017/1/23	华东	华东-10	1	仔仔	知识IP	2	25000	12
2017/1/24	西北	西北-9	2	虫儿飞	PPT	4	30000	99
2017/1/25	中南	中南-7	2	石三节	产品经理	5	75000	57
2017/1/26	华东	华东-8	1	海波	沟通技巧	5	30000	61
2017/1/27	华东	华东-5	3	凌帧	产品经理	5	75000	83
2017/1/28	华北	华北-3	2	毕研博	沟通技巧	4	60000	29
2017/1/29	东北	东北-8	3	海波	团队管理	5	90000	88
2017/1/30	华北	华北-2	1	凌帧	知识IP	5	25000	99
2017/1/31	华北	华北-6	3	许倩	产品经理	4	75000	51
2017/2/1	中南	中南-6	2	王静波	产品经理	3	50000	42
2017/2/2	东北	东北-9	3	表姐	知识IP	4	75000	89

图 11-1

表姐："哈哈哈，这不难，今天我带你见见数据透视表的厉害：用切片器+透视图——让数据透视表动！"

本节导入

　　学过第9章和第10章内容的朋友一定会被数据透视表的各种操作惊呆啦！表姐又来敲黑板啦，静一静，静一静，别小看数据透视表的内涵！

　　本节向大家介绍切片器＋透视图运用技巧，让你从此爱上运用数据透视表！

11.1　让数据源动起来

　　在制作数据透视表之前，我们先将数据源表从普通表格转化为"超级表"，也就是为它套上"表格格式"。这样做的好处是，当我们在数据源录入新的数据以后，身为"超级表"的数据，能够自动扩充它的应用范围，实现数据的自动追加。

　　这样，当数据源有任何变化时，只需在数据透视表处，右击并选择【刷新】命令，即可实现最新数据的"实时"统计。

1.制作受训人数统计表

　　（1）打开图书配套的Excel示例源文件，找到"3.3灵活多变的数据透视表"文件，打开"1数据源"表（见图11-2）。

图 11-2

（2）将【1数据源】整张表格复制→右击并选择"1数据源"→选择【移动或复制】命令（见图11-3）→在弹出的【移动或复制工作表】对话框中选择【新工作簿】（见图11-4）→单击【确定】按钮完成。利用这样的方法，可以完成Excel整张工作表的快速移动、复制。

2017/1/1	华东	华东-4	2	表姐	团队管理	5	60000	94
2017/1/2	中南	中南-9	3	凌祯	沟通技巧	5	90000	95
2017/1/3	华北	华北-9	1	王静波	Excel	5	15000	60
2017/1/4	华北	华北-7	3	表姐	知识IP	2	75000	87
2017/1/5	华北	华北-5	3	仔仔	PPT	5	45000	40
2017/1/6	中南	中南-7	3	凌祯	沟通技巧	3	90000	19
2017/1/7	华北	华北-8	3	杨明	知识IP	5	75000	44
2017/1/8	东北	东北-9	2	许倩	Excel	3	30000	21
2017/1/9	东北	东北-4	3	许倩	团队管理	5	90000	69
2017/1/10	华东	华东-7	2	凌祯	产品经理	5	50000	83
2017/1/11	华北	华北-10	1	仔仔	产品经理	5	25000	72
2017/1/12	华北	华北-2	3	杨明	Excel	5	45000	74
2017/1/13	华北	华北-3	3	石三节	知识IP	3	75000	57
2017/1/14	东北	东北-1	3	许倩	团队管理	5	90000	59
2017/1/15	华东	华东-10	2	许倩	产品经理	3	50000	24
2017/1/16	西北	西北-4	3	表姐	Excel	3	45000	85
2017/1/17	华北	华北-2	3	毕研博	沟通技巧	3	90000	50
2017/1/18	华北	华北-6	1	海波	沟通技巧	5	30000	27
2017/1/19	东北	东北-8	1	杨明	Word	5	10000	87
2017/1/20	华北	华北-3	1	杨明	产品经理	5	25000	64
2017/1/21	华北	华北-10	3	虫儿飞	知识IP	3	50000	32
2017/1/22	西北	西北-6	3	海波	沟通技巧	5	90000	53
2017/1/23	华东	华东-10	3	仔仔	知识IP	2	25000	12
2017/1/24	西北			虫儿飞	PPT	4	30000	99
2017/1/25	中南			石三节	产品经理	5	75000	57
2017/1/26	华东			海波	沟通技巧	5	30000	61
2017/1/27	华东			凌祯	产品经理	5	75000	83
2017/1/28	华北			毕研博	沟通技巧	4	60000	29
2017/1/29	华北			海波	团队管理	5	90000	88
2017/1/30	华北			凌祯	知识IP	5	25000	99
2017/1/31	华北			许倩	产品经理	4	75000	51
2017/2/1	中南			王静波	产品经理	3	50000	42
2017/2/2	东北			表姐	知识IP	4	75000	89

图 11-3

（3）选择"1数据源"中任意一个有数据的单元格→选择【插入】选项卡下的【数据透视表】选项→在弹出的【创建数据透视表】对话框中→选中【新工作表】单选按钮→单击【确定】按钮。

（4）在创建的新工作表右侧的【数据透视表字段】中→将【老师】拖到【行】→将【课程】拖到【列】→将【培训人数】拖到【值】（见图11-5），即可完成每个老师培训人员数量情况的统计。

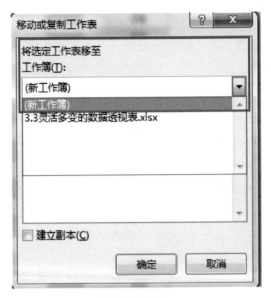

图 11-4

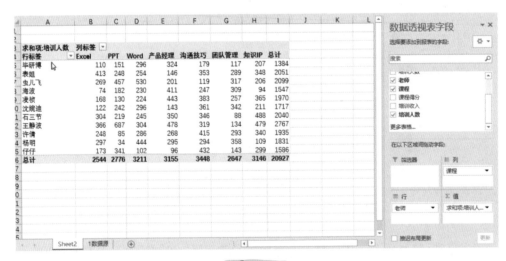

图 11-5

2. 制作授课老师课程得分情况统计表

（1）选择【1数据源】中任意一个有数据的单元格→选择【插入】选项卡下的【数据透视表】选项→在弹出的【创建数据透视表】对话框中→选中【现有工作表】单选按钮→【位置】选择【Sheet2】表的【A19】单元格（见图11-6）→单击【确定】按钮。

Excel 从小白到小能手

在图11-6中可见，创建的数据透视表的数据来源区域，就是我们套用了超级表以后，超级表的名称"表1"了。

图11-6

（2）在"Sheet2"表中创新的新数据透视表，在【数据透视表字段】区域将【老师】拖到【行】区域→将【课程得分】拖动3次到【值】区域（见图11-7）。

图11-7

（3）选中【求和项：课程得分】单元格，右击→选择【值汇总依据】选项→选择【最大值】命令（见图11-8）。

（4）同理，选中【求和项：课程得分2】单元格，右击→选择【值汇总依据】选项→选择【最小值】命令。

选中【求和项：课程得分3】单元格，右击→选择【值汇总依据】选项→选择【平均值】命令。

（5）然后在【值】区域中，选择【平均值项：课程得分】选项，单击小三角→选择【值字段设置】选项（见图11-9）。

图 11-8

图 11-9

（6）在弹出的【值字段设置】对话框中→单击【数字格式】按钮（见图11-10）→在弹出的【设置单元格格式】对话框中选择【数值】选项，选择一个类型后→单击【确定】按钮（见图11-11），即可完成各位老师课程得分的"最高分""最低分""平均分"的情况统计（见图11-12）。

图 11-10

图 11-11

行标签	最大值项:课程得分	最小值项:课程得分2	平均值项:课程得分3
毕研博	5	1	4.10
表姐	5	2	3.94
虫儿飞	5	1	3.88
海波	5	1	3.77
凌祯	5	1	4.21
沈婉迪	5	1	3.97
石三节	5	1	3.56
王静波	5	1	4.02
许倩	5	1	3.79
杨明	5	2	4.27
仔仔	5	1	3.52
总计	5	1	3.92

图 11-12

3. 制作培训收入统计表

（1）打开"Sheet2"表→选择第1步中，已经创建好的数据透视表区域后→选择【数据透视表工具-分析】选项卡→在【选择】下的→【整个数据透视表】选项→然后利用复制、粘贴的功能，将它复制一份，放在一个空白的区域（见图11-13）。

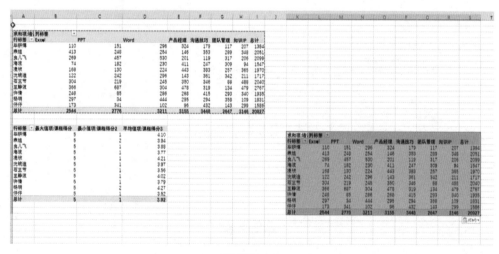

图 11-13

（2）然后，在新复制的这张数据透视表的右侧字段列表中，取消勾选所有字段前的"√"，得到一个空白的数据透视表（见图11-14）。

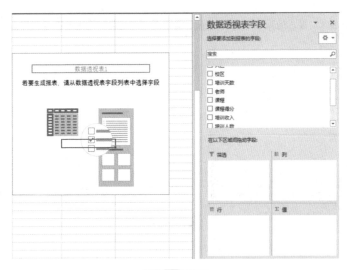

图 11-14

（3）将【课程】拖到【行】区域→将【大区】拖到【列】区域→将【培训收费】拖到【值】区域（见图11-15），即可完成各门课程在各个大区的培训收入统计表。

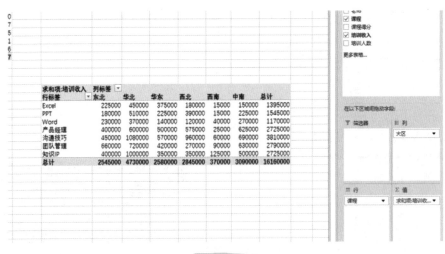

图 11-15

（4）我们为这些课程进行一个分组，比如，将Excel和PPT的课程合并为"office技能"。

选中【Excel】和【PPT】所在单元格以后→选择【数据透视表工具-分析】选项卡下的→【组选择】选项，即可完成对行标签的分组（见图11-16）。分组后可见Excel和PPT的顶部，会自动出现一级【数据组1】的"新标签"。

其他未被分组的课程，也会增加一级新的标签，只不过标签的内容是它本身。比如，"产品经理"新增一级的标签还是"产品经理"。

求和项:培训收入	列标签						
行标签	东北	华北	华东	西北	西南	中南	总计
□数据组1							
Excel	225000	450000	375000	180000	15000	150000	1395000
PPT	180000	510000	225000	390000	15000	225000	1545000
Word	230000	370000	140000	120000	40000	270000	1170000
□产品经理							
产品经理	400000	600000	500000	575000	25000	625000	2725000
□沟通技巧							
沟通技巧	450000	1080000	570000	960000	60000	690000	3810000
□团队管理							
团队管理	660000	720000	420000	270000	90000	630000	2790000
□知识IP							
知识IP	400000	1000000	350000	350000	125000	500000	2725000
总计	2545000	4730000	2580000	2845000	370000	3090000	16160000

图 11-16

（5）选中"数据组1"后，手动录入"office技能"，即可对它进行修改（见图11-17）。

（6）再次选中【产品经理】至【知识IP】单元格，选择【数据透视表工具-分析】选项卡→【组选择】选项，即可完成对它们的合并分组（见图11-17）→分组后可见"产品经理、沟通技巧、团队管理和知识IP"的顶部，会自动出现合并后的一级【数据组2】的"新标签"。将【数据组2】改成你想要的名称即可，比如，管理技能。

求和项:培训收入	列标签						
行标签	东北	华北	华东	西北	西南	中南	总计
□office技能							
Excel	225000	450000	375000	180000	15000	150000	1395000
PPT	180000	510000	225000	390000	15000	225000	1545000
Word	230000	370000	140000	120000	40000	270000	1170000
□数据组2							
产品经理	400000	600000	500000	575000	25000	625000	2725000
沟通技巧	450000	1080000	570000	960000	60000	690000	3810000
团队管理	660000	720000	420000	270000	90000	630000	2790000
知识IP	400000	1000000	350000	350000	125000	500000	2725000
总计	2545000	4730000	2580000	2845000	370000	3090000	16160000

图 11-17

11.2 让透视表动起来

1. 切片器的创建

（1）选中11.2步骤中已经创建的数据透视表区域 → 选择【数据透视表工具-分析】选项卡下的【插入切片器】选项（见图11-18）。

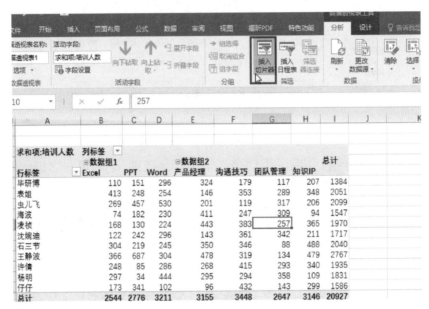

图11-18

（2）在弹出的【插入切片器】对话框中 → 选择需要分析的字段名称，比如,【大区】【老师】【课程】，单击【确定】按钮（见图11-19）。

（3）按住【Ctrl】键后，依次选中3个切片器 → 单击【切片器工具】→【对齐】下拉按钮 → 选择【顶端对齐】选项（见图11-20）→ 可以快速完成3个切片器位置的调整和对齐（见图11-21）。

图 11-19

图 11-20

图 11-21

当我们单击切片器后，即可实现数据透视表数据的快速筛选统计。因此，切片器实际上相当于筛选器的功能。只不过它的形式更加智能，提高了操作的便捷性，你想看哪里，点哪里即可。

如果你在使用切片器时，发现数据透视表的列宽总是变动的，而非锁定不变的。这是因为数据透视表在默认情况下，是根据数据结果自动调整到合适的列宽状态的。

如果要数据透视表的列宽固定不动，只需选中数据透视表区域后，右击→选择

【数据透视表选项】命令 → 在弹出的【数据透视表选项】对话框中 → 取消勾选【合并且居中排列带标签的单元格自动调整列宽】复选框（见图11-22），就可以固定原表的列宽。

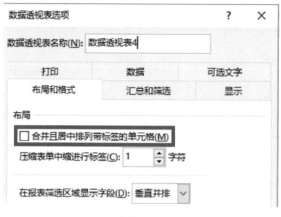

图 11-22

表姐提示

　　切片器的功能只有 Excel 2010 及以上的版本才有，Excel 2003、2007 版本中，并无此功能。

　　在 Excel 2013 及以上的版本中，还新加载了日程表的功能，是对日期字段的自动"切片"功能。感兴趣的小伙伴，可以试着创建、感受一下。

2. 切片器同时控制多个数据透视表

（1）选中【大区】字段的切片器 → 选择【切片器工具-选项】选项卡下的【报表连接】选项（见图11-23）。

图 11-23

（2）在弹出的【数据透视表连接（大区）】对话框中→选择你需要连接的透视表，在本例中，将【数据透视表1】【数据透视表2】【数据透视表4】全部选中（见图11-24）→单击【确定】按钮，即可完成【大区】字段的切片器与刚刚勾选的3张数据透视表之间的联动，也就是单击一下切片器，改变的是3张数据透视表的统计结果（见图11-25）。

图 11-24

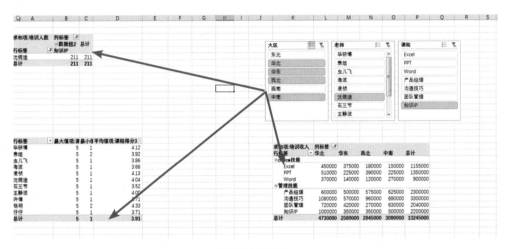

图 11-25

【本节小结】

　　本节我们学习了数据透视表的"新朋友"——切片器。应用切片器可以轻松实现数据的多维"切片"，让你点点鼠标就能快速改变统计结果，并且通过切片器的连接，还能实现多个数据透视表的联动。

　　"数据透视表"的工具是非常强大的，可以帮助我们自动实现各种维度的自动汇总、统计和分析，通过切片器的功能，还能轻松实现"人机交互"的功能。

　　当然，它的功能远不止本章中所讲的内容，但是因为篇幅的原因，表姐只能选择大家最常用的功能进行展开介绍。

　　小伙伴们利用表姐的数据表，先动手练习一下吧。我相信，做过几张透视表以后，你面对自己工作中的统计分析工作，一定会特别中意它。

第四篇

图表可视化，让数据说话

第 12 章　数据图表可视化

第12章

数据图表可视化

Boss

关关，给我做一份公众号增量情况统计图，要显得"高大上"的那种。

关关

图表还能做得多好？这样简单的柱形图，行不行呀？（见图12-1）

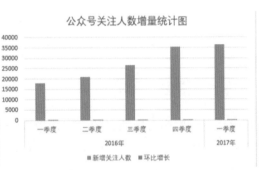

公众号关注人数增量统计图

图 12-1

表姐，好心酸你的图表呀~ 求带~

图表学习
step by step

跟着表姐从零学习图表技巧

从此告别 "LOW"

最近公司整体业绩不断往上升，BOSS很开心。最近准备给员工们开一个庆（动）功（员）大会，BOSS把关关找来说："关关，给我做一个公众号粉丝增量情况统计图，要显得"高大上"的那种，我要在庆功会上告诉大家，我们的粉丝有多少了，哈哈哈！"

关关心里想：统计图，无非是一些折线图、柱状图、饼图……这怎么做得"高大上"呀？这样简单的柱状图，行不行呀（见图12-1）。

表姐："关关，别担心！今天就跟着我一起"step by step"从0开始学习图表技巧吧，让你的数据会说话！"

 本节导入

俗话说，图片给人们的印象最为深刻，最为形象！以为熟知一点函数运用技巧，条件格式显示方法以及数据透视表应用的小伙伴便可"笑傲 Excel 江湖"的小伙伴，表姐温馨提示：数据可视化才是王道！

本节，表姐结合个人多年培训经验，将为大家展现 4 类图表可视化设计技巧，层层深入，学会本章重点知识，你便可向周围小伙伴炫耀道："别人见我太傲娇，我笑他人看不穿"。我的图表会说话，凭借本事"笑傲江湖"！

12.1　图表类型指南

在开始介绍图表实操技巧之前，表姐想要告诉大家，做表、作图，最重要的还是思路。虽说，一图胜千言，是因为图表能够有效地表达我们的思想。因此，在作图之前，要先问问自己，你想展示什么？然后选择合适的图表类型，来呈现自己的数据。

在表姐接触到的学员中，很多小伙伴都问："表姐，我的这个数据表，该用什么图呀？"

在图12-2中展示的"图表类型选择指南"是来源于国外专家Andrew Abela（经国内ExcelPro老师翻译）。关于图表类型的分类，可以根据数据之间的关联关系，分为比较、分布、构成、联系。每个类别下，又根据数据系列的多少、数据关系的各种形态，进行进一步细分。

表姐在此基础上，修改并新增了几个图表类型，如环形柱状图、子母图等，并由我的好朋友、插画设计师罗茜月使用AI软件绘制整理，最终完成了如图12-2中展示的"图表类型选择指南"。各位读者朋友，可以根据自己期望展示的内容，按图索骥、选择相应的图表。

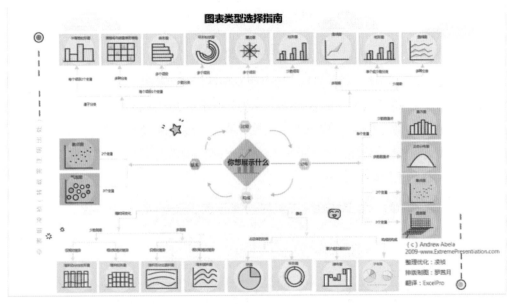

图 12-2

12.2 制作新增关注人数与环比增长率组合图

在图12-3所示的数据源表中，我们收集了近两年各季度的公众号新增关注人数和环比增长情况。针对这两组数据，利用Excel图表可以构建组合图来进行可视化呈现，最终效果如图12-18所示。具体制作方法如下：

（1）打开示例文件"组合图"表（见图12-3），可见公众号的一些统计数据。在实际工作中，如果大家有数据源，可以利用前面章节所学的知识，通过数据透视表、函数等，完成统计表的制作，就可以实现图表呈现结果和数据源一起动态更新。

如果暂时没有数据源，而要马上提交图表，也可以先手动整理好统计表作图，等以后有时间了，再慢慢和数据源关联起来也是可以的。

	A	B	C	D
1	年份	季度	新增关注人数	环比增长
2		一季度	18020	16.90%
3	2016年	二季度	20980	16.40%
4		三季度	26680	27.20%
5		四季度	35370	32.60%
6	2017年	一季度	36500	3.20%

图 12-3

（2）创建图表：选中表格【A1：D6】单元格区域 → 选择【插入】选项卡 →【二维柱形图】选项，选择第一个柱形图即可（见图12-4）。此时我们创建的柱形图中，因为"环比增长"的数据值与"新增关注人数"的数据值差距较大，因此图表中橘色的柱形图（"环比增长"的柱形）特别短小，也无法有效体现数据的真实价值。所以，我们要进一步调整图表结构。

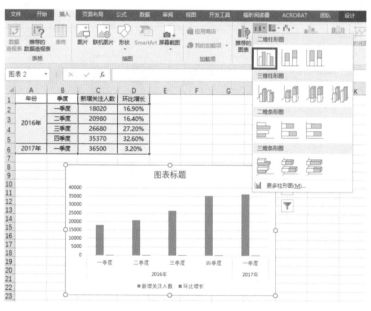

图 12-4

（3）更改图表结构：选中已经创建好的柱形图 → 选择【图表工具-设计】选项卡 →【更改图表类型】选项（见图12-5）。

Excel 从小〇到小能手

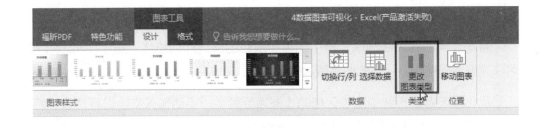

图 12-5

在弹出的【更改图表类型】对话框中→选择【组合】选项：

将【新增关注人数】改为【带数据标记的折线图】；

将【环比增长】改为【簇状柱形图】，并勾选【次坐标轴】复选框（见图12-6）；

最后，单击【确定】按钮完成图表结构的修改。

表姐提示

　　【组合图】是 Excel 2013 及以上版本新增的图表类型。如果是 Excel 2010 及以下版本，需要依次选中柱形图的单根柱子，进行手动设置才行。操作起来也比较烦琐，因此，表姐还是建议大家升级到 Excel 2016 及以上版本，这样办公更高效！

图 12-6

（4）美化图表。

①将图表中的冗余线删除：选中图表中灰色的横线即网格线 → 按【Delete】键，即可快速删除网格线，让你的图表看起来更清爽。

②优化图表标题：选中图表区域的【图表标题】 → 手动输入文字进行修改，将其更改为【公众号关注人数增量统计图】（见图12-7）。

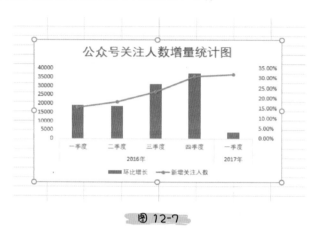

图 12-7

③调整次坐标轴刻度范围，让折线图（"环比增长"）与柱形图（"新增关注人数"）拉开一定的距离、不交叉放置，从而让图表更直观。选中图表右侧的百分比区域，即图表的次坐标轴，右击 → 选择【设置坐标轴格式】命令（见图12-8） → 在右侧出现的【设置坐标轴格式】区域中 → 更改【边界】设置：

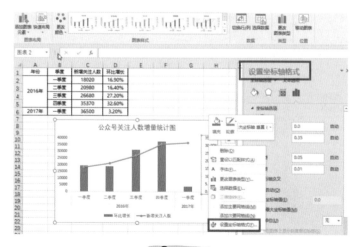

图 12-8

将【最大值】设置为【1.0】(100%)

将【单位】下【主要】文本框更改为【0.25】(见图12-9),更改完成后,在折线图和柱形图相互之间就拉开了一段距离,不再交叉叠放。

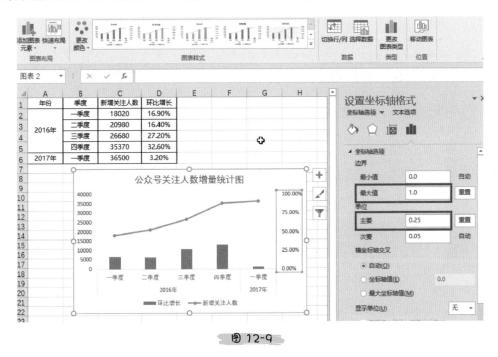

图 12-9

(5)美化数据系列。

①美化折线图:选中图表后,单击选中图表中的折线→右击→选择【设置数据系列格式】命令(见图12-10)→在右侧出现的【设置数据系列格式】中,单击左侧第一个(油漆桶形状的)按钮,即【填充】,设置如下:

将【线条】更改为【无线条】(见图12-11);

将【标记】选项下【数据标记选项】更改为【内置】,【大小】设置为一个合适的大小,比如"35"(见图12-12);

在【填充】区域中选中【纯色填充】单选按钮,填充色为图表背景的底色,即【白色】(见图12-13);

【边框】区域中选中【实线】单选按钮→【颜色】改为你喜欢的任一颜色(这里【蓝色】为例)→【宽度】改为合适的大小(本例中为【3.5磅】)(见图12-14);在

实际工作中，读者朋友还可以根据自己的喜好，对线型等进行进一步的设置，在此就不做赘述。

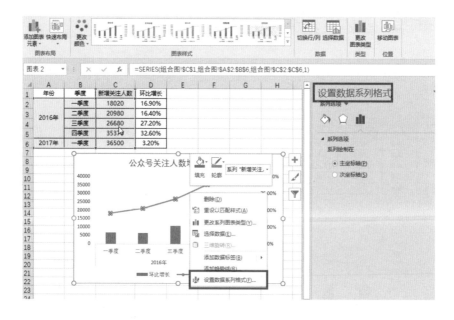

图 12-10

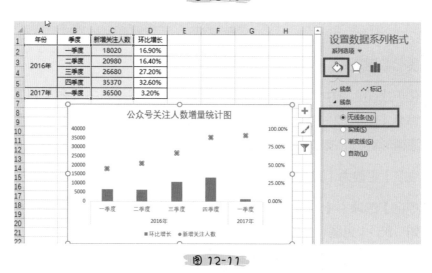

图 12-11

下面为图表添加上"数据标签"，让数据和图表一体化。

选中图表区域，选中图表中的折线，右击→选择【添加数据标签】→【添加数据标签】命令（见图12-15）。

Excel 从小⊙到小能手

选中标签后，右侧的设置窗口显示为【设置数据标签格式】→单击右侧第一个（3根柱子状的）按钮，即【系列选项】，设置如下：

在【标签位置】中选中【居中】单选按钮（见图12-16）。

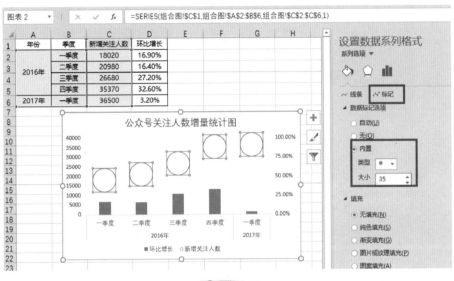

图 12-12

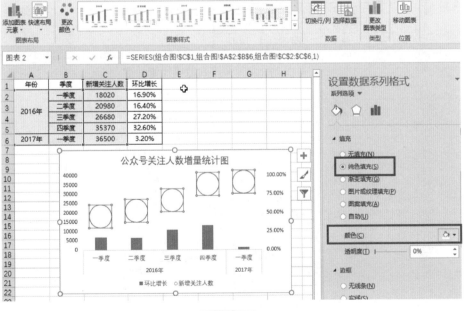

图 12-13

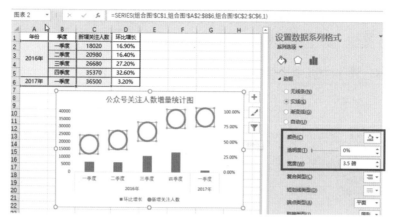

图 12-14

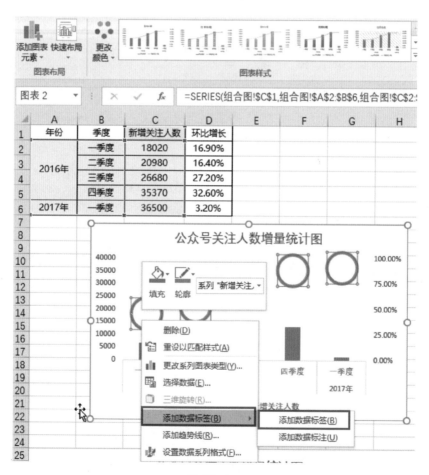

图 12-15

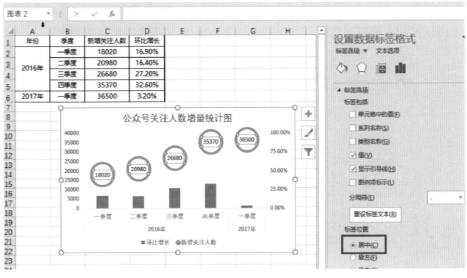

图 12-16

② 柱形美化。让柱形图的配色与折线图的配色保持一致为蓝色系（这样让图表看起来更商务一些）：

选中图表中的柱形，右击→选择【添加数据标签】→【添加数据标签】命令→在右侧出现【设置数据系列格式】→在【填充】中选中【纯色填充】单选按钮，【颜色】改为【蓝色】（见图12-17）。

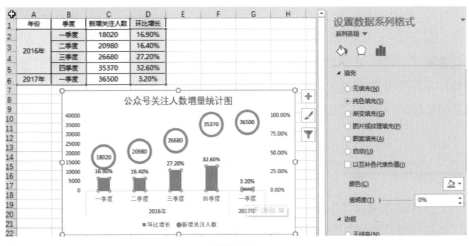

图 12-17

取消勾选【视图】选项卡下【网格线】复选框，让图表区域更聚焦，并将字体修改为【微软雅黑】格式，即可呈现如图12-18所示的效果图。

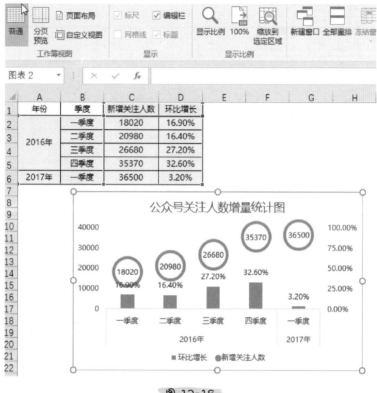

图 12-18

在实际工作中，如果遇到了2组差异较大的数据，比如，增长率和产值、销售数量和业绩金额等。可以通过上述方法，使用选择【次坐标】的方式，让两组数据分别建立在两种不同的数据维度中，进行各自的图表呈现。使用组合图的方式，还可以在一张图表中呈现两种不同的图表语言，让图表更灵活。

12.3 制作带上下（↑↓）小箭头的业绩变化对比图

（1）打开课程素材"小箭头"Excel表，在图12-19所示的【A1：C3】单元格区域中，显示的是"表姐""凌祯"2名员工在2016年和2017年的业绩情况。我们的目标是制作出如图12-25所示的具有指示箭头的业绩对比图，利用上下（↑↓）小箭头来表示每个人的业绩上升或下降情况。

（2）创建柱形图：选中【A1：B3】单元格，选择【插入】选项卡下选择插入一个【二维柱形图】（见图12-19）。

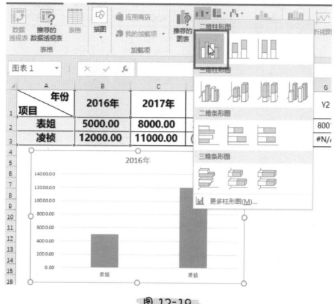

图 12-19

（3）在图12-19中，我们只创建了一组"2016年"（见图12-19蓝色柱形）2名员工的业绩柱形图。下面介绍使用复制粘贴的方法，快速增加其他数据系列。

选中【C1：C3】单元格，按快捷键【Ctrl+C】复制选中单元格内容，然后选中图表区域，并按下快捷键【Ctrl+V】，即可将【C1：C3】的数据内容，创建到图表新的数据系列中，如图12-20所示橘色柱形。

（4）在图12-20中，我们已经完成基础图表结构的创建。但是，我们要在图表中，它们对应的升降小箭头。因此，还要额外制作两组数据系列。

在图12-21中，F列和G列中制作两组辅助列：

【F列"Y1"】F2单元格的公式=IF(C2<B2,C2+1,NA())

F3单元格的公式=IF(C3<B3,C3+1,NA())

说明：判断业绩是否下降（↓），公式的含义是：判断C列"2017年"的值是否小于（<）B列"2016年"的值，如果满足就显示C列"2017年"的值+1，否则就显示错误值。

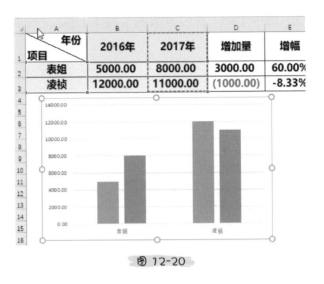

项目 \ 年份	2016年	2017年	增加量	增幅
表姐	5000.00	8000.00	3000.00	60.00%
凌祯	12000.00	11000.00	(1000.00)	-8.33%

图 12-20

G列【Y2】G2单元格的公式=IF(C2>=B2,C2+1,NA())

G3单元格的公式=IF(C3>=B3,C3+1,NA())

说明：判断业绩是否上升（↑），公式的含义是：判断C列"2017年"的值是否大于等于（>=）B列"2016年"的值，如果满足就显示C列"2017年"的值+1，否则就显示错误值。

表姐提示

使用 NA()（错误值）的好处是，制作图表时，该数据系列不会显示任何值；而设置显示为 0（零值），则会产生一个数值为 0 的数据系列，影响图表呈现效果。

做好数据准备后，我们开始具体操作：同操作步骤（3）一样，选中【F1：G3】单元格，将内容复制后，再粘贴到图表（见图12-21）中。此时，图中出现另外两个数据标签（黄色和灰色），它们是为了制作辅助标签（小箭头）而创建的。

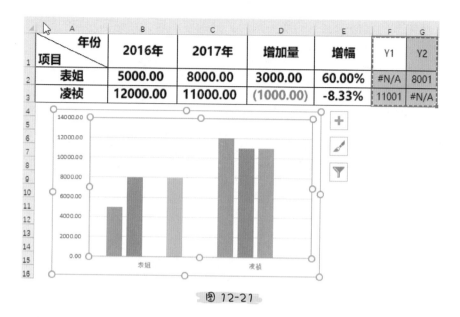

年份\项目	2016年	2017年	增加量	增幅	Y1	Y2
表姐	5000.00	8000.00	3000.00	60.00%	#N/A	8001
凌祯	12000.00	11000.00	(1000.00)	-8.33%	11001	#N/A

图 12-21

（5）下面开始优化图表结构：选中图表，选择【图表工具-设计】选项卡下的【更改图表类型】选项→在弹出的【更改图表类型】对话框中→选择【组合】选项→将【Y1】【Y2】改为【带数据标记的折线图】（见图12-23）→单击【确定】按钮完成。

图 12-22

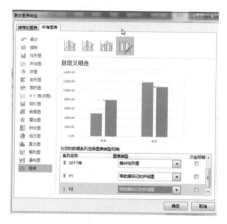

图 12-23

（6）选中案例素材中上下的箭头图片，分别复制后，粘贴到对应的数据标记点位置（见图12-24）。

表姐提示：

①本例中的上下箭头是通过【插入】选项卡下的绘制图形，直接绘制并填充颜色后得到的。如果喜欢其他形状的箭头样式，可以从其他图片网站下载，应用到本例中即可。

②因为Y1、Y2设置的是【带数据标记的折线图】，在本例中，恰巧Y1、Y2系列只有一个有效数据（另一个数据为#N/A错误值），因此不会形成数据标记点之间的折线（连线）。在实际工作中，还可以进一步设置Y1、Y2的数据系列的填充样式为【无线条】的样式（如图12-11所示）。

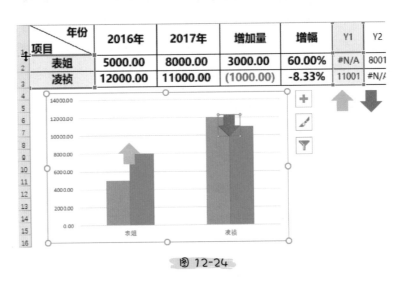

图 12-24

（7）对于图表的快速美化，还可以在选中图表以后，通过【图表工具-设计】选项卡下的【图表样式】→选择一个你想要的样式，进行图表的快速美化。

在完成图表样式的设置后，还需要再次重复步骤（4），重新将上下的箭头图片，复制粘贴到相应的数据标记点的位置上（见图12-25）。

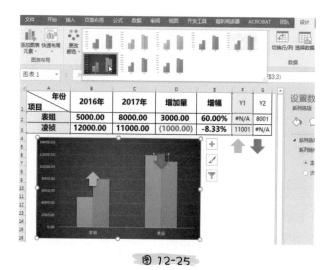

图 12-25

12.4 制作篮球、足球 APP 的付费金额与下载量数据综合对比图

打开"篮球、足球APP的付费金额与下载量数据"表（见图12-26），在图中将篮球、足球的情况，分别使用了2组不同的颜色和标签进行展示。这是因为在数据源表的【A：D】列之外，我们又分别构建了4组数据，分别是：【E列】篮球-付费金额、【F列】篮球-下载量、【G列】足球-付费金额、【H列】足球-下载量。

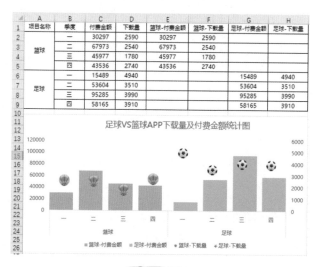

图 12-26

说明：RANDBETWEEN(bottom,top)函数，可以随机生成任何一个你要求的最小值（bottom）和（top）最大值范围内的整数。并且，当按【F9】键（刷新快捷键）或者是单击"保存"按钮时，它都会重新执行一次，计算出新的随机数。

因此，当你打开本例，按【F9】键（刷新快捷键），会发现顶部【A：G】列的数据会随机更新变化；而根据这些数据表生成的图表，也会进行变化、跳动。这也正是12.5节"动态图表"之所以会变化的真正原因，因为数据表变化，所以图表变动。

下面我们开始具体操作：

（1）选中【A1：B9】单元格区域后，按【Ctrl】键，继续选择【G1：H9】单元格区域；然后创建一个二维柱形图，创建后的图表如图12-27所示。

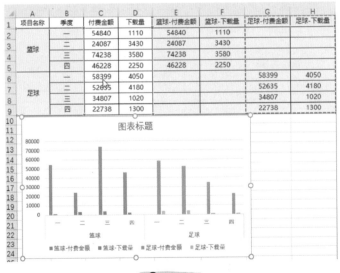

图 12-27

Excel 从小日到小能手

（2）下面优化图表结构：选中图表，选择【图表工具-设计】选项卡下的→【更改图表类型】选项→在弹出的【更改图表类型】对话框中→选择【组合】选项→将【篮球-付费金额】、【足球-付费金额】改为【簇状柱形图】选项→将【篮球-下载量】、【足球-下载量】改为【带数据标记的折线图】选项；并勾选【次坐标轴】复选框（见图12-28）→单击【确定】按钮完成。

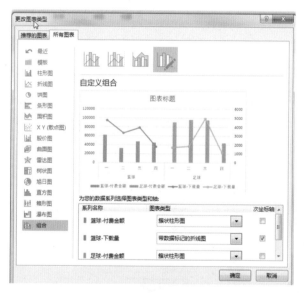

图 12-28

（3）美化折线图的标记点：选中本例中的足球、篮球图片，将它们一次复制后，粘贴到折线图对应的标记点位置上（见图12-29）。

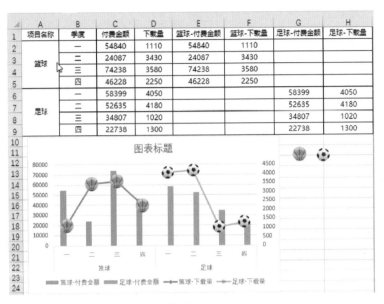

⊿	A	B	C	D	E	F	G	H
1	项目名称	季度	付费金额	下载量	篮球-付费金额	篮球-下载量	足球-付费金额	足球-下载量
2		一	54840	1110	54840	1110		
3	篮球	二	24087	3430	24087	3430		
4		三	74238	3580	74238	3580		
5		四	46228	2250	46228	2250		
6		一	58399	4050			58399	4050
7	足球	二	52635	4180			52635	4180
8		三	34807	1020			34807	1020
9		四	22738	1300			22738	1300

图 12-29

（4）隐藏折线图的线型：选中图表中的折线图右击，选择【设置数据系列格式】命令→在右侧出现的【设置数据系列格式】区域中单击左侧第一个【填充】按钮→将【线条】更改为【无线条】选项（见图12-30）。

图 12-30

（5）更改柱形图分类间距：选中柱状图→选择【设置数据系列格式】选项→在【系列选项】中→调整分类数据系列的分类间距大小，让"足球、篮球"的图片，落在每个数据柱形图的上方：将【系列重叠】设置成为【75%】,【间隔宽度】设置为合适的大小。

最后，根据你的喜好，将柱形图修改为不同的填充颜色，如图12-31所示的最终效果。

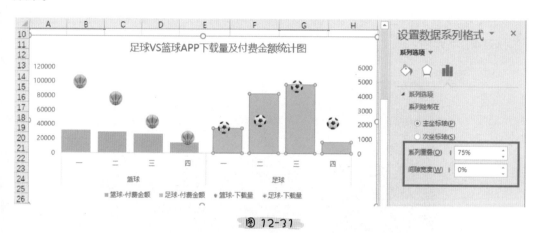

图 12-31

12.5　制作各月度、各平台销售业绩动态图表

在"制作各月度、各平台销售业绩动态图表"所示的案例中（见图12-32），通过左侧【A：G】的数据，制作各个阅读、不同平台的销售业绩动态统计图。

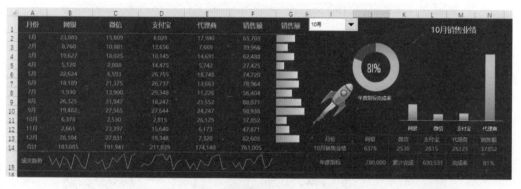

图 12-32

单击【I1】单元格的控件框，完成不同月度数据的快速切换，而右侧的"年度指

标完成率圆环图"和"各平台销售业绩的柱形图"也会随之变化，从而实现一种根据自己选择内容的不同，呈现出不同图表效果的"动态图表"。

1. 利用条件格式-数据条，制作销售总额"条形图"效果

（1）将F列的销售额，应用到G列中：选中【G2】单元格写入函数【=F2】→将鼠标移至【G2】单元格右下角，当光标变成十字句柄时，双击完成快速填充，即应用到【G2:G14】单元格区域（见图12-33）。

月份	网银	微信	支付宝	代理商	销售额	销售额
1月	23,885	15,809	8,029	17,980	65,703	65,703
2月	8,760	10,881	12,656	7,669	39,966	39,966
3月	19,627	18,025	10,145	14,691	62,488	62,488
4月	5,120	2,088	14,475	5,742	27,425	27,425
5月	22,624	6,593	26,755	18,748	74,720	74,720
6月	18,189	21,375	26,737	12,663	78,964	78,964
7月	1,930	13,900	29,348	11,226	56,404	56,404
8月	26,325	21,947	18,247	21,552	88,071	88,071
9月	19,482	27,565	27,644	24,247	98,938	98,938
10月	6,378	2,530	2,815	26,129	37,852	37,852
11月	2,661	23,397	15,640	6,173	47,871	47,871
12月	28,104	27,831	19,348	7,320	82,603	82,603
合计	183,085	191,941	211,839	174,140	761,005	761,005

图 12-33

（2）应用条件格式-数据条：选中【G2:G13】单元格区域→单击【开始】选项卡【条件格式】下拉按钮→选择【数据条】选项，选取一个你喜欢的数据条效果（见图12-34）。

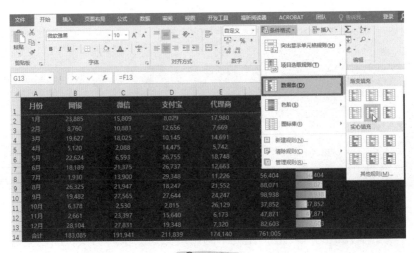

图 12-34

表姐提示

条件格式的显示效果，是根据我们所选取的单元格范围内的数据大小决定的。如果我们选择的是【G2:G14】单元格区域，并应用条件格式-数据条，你会发现，最长的是【G14】总计单元格的数据。所以，在设置条件格式时，一定要注意不要选中汇总、总计、合计的总数，否则呈现的效果会有所偏差。在本例中，设置完成以后，可以把【G14】单元格的值删除，让图表画面更整洁。

（3）管理条件格式规则：选中【G2:G13】单元格区域 → 单击【开始】选项卡下【条件格式】下拉按钮 → 选择【管理规则】选项（见图12-35）→ 在弹出的【条件格式规则管理器】对话框中 → 选中刚刚创建的规则后，→ 单击【编辑规则】按钮（见图12-36）→ 单击【确定】按钮。

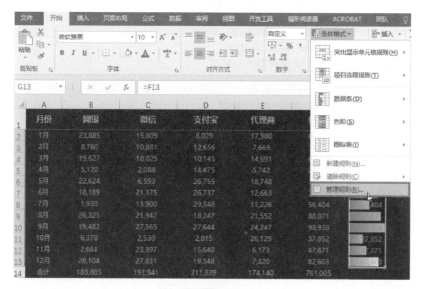

图 12-35

在弹出的【编辑格式规则】对话框中 → 勾选【仅显示数据条】复选框（见图12-37）→ 然后依次单击【确定】按钮，完成设置。

这样，我们在F列已经汇总的销售额总额后，那么在G列中，就仅显示数据条，而不显示具体的数值金额。

条件格式规则管理器
显示其格式规则(S):
当前选择
新建规则(N)...
编辑规则(E)...
删除规则(D)
规则(按所示顺序应用)
格式
应用于
如果为真则停止
数据条
=$G$2:$G$13
确定
关闭
应用

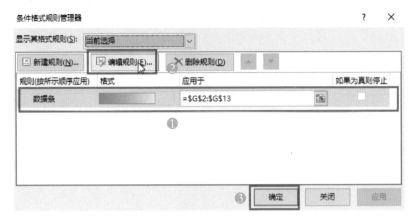

图 12-36

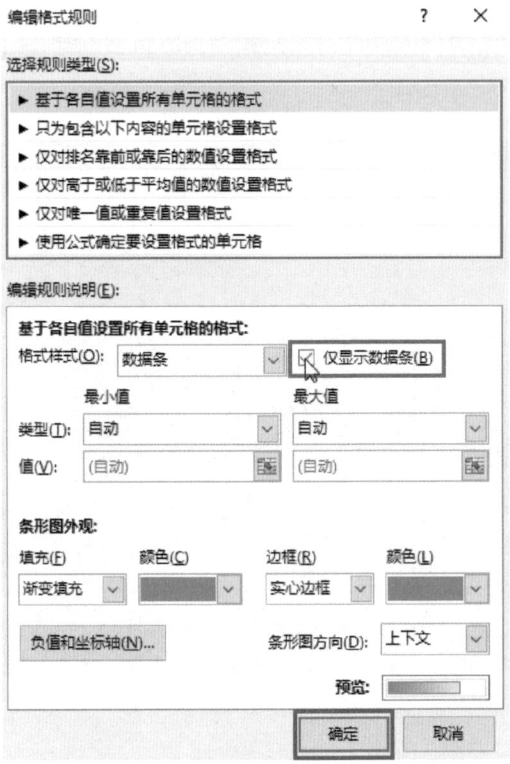

编辑格式规则
选择规则类型(S):
▶ 基于各自值设置所有单元格的格式
▶ 只为包含以下内容的单元格设置格式
▶ 仅对排名靠前或靠后的数值设置格式
▶ 仅对高于或低于平均值的数值设置格式
▶ 仅对唯一值或重复值设置格式
▶ 使用公式确定要设置格式的单元格
编辑规则说明(E):
基于各自值设置所有单元格的格式:
格式样式(O):
数据条
仅显示数据条(B)
最小值
最大值
类型(T):
自动
自动
值(V):
(自动)
(自动)
条形图外观:
填充(F)
颜色(C)
边框(R)
颜色(L)
渐变填充
实心边框
负值和坐标轴(N)...
条形图方向(D):
上下文
预览:
确定
取消

图 12-37

2. 利用迷你图，制作各月度业绩趋势图效果

在本例第15行中，已经利用迷你图，制作了折线图的效果。迷你图是一种内置于

单元格内的图形，可以随着单元格的数值、高度、宽度变化而变化。下面从第16行，重新设置迷你图-柱形图的效果，具体操作如下：

（1）创建迷你图：选中【B16】单元格→单击【插入】选项卡→在【迷你图】功能组中→选择【柱形图】选项（见图12-38）→在弹出的【创建迷你图】对话框中→在【数据范围】选取当前数据列（网银【B列】）中1~12月的数据，即【B2：B13】单元格区域（见图12-39）→单击【确定】按钮，即可完成【B16】单元格中迷你图的插入。

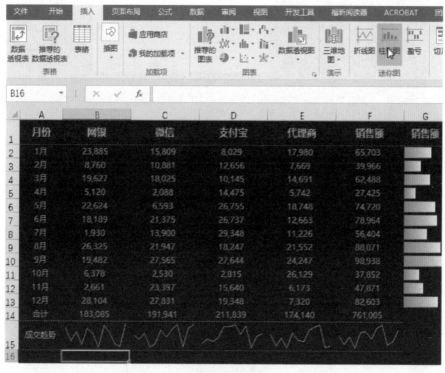

图 12-38

（2）扩充应用迷你图：将鼠标移至【B16】单元格右下角，当光标变成十字句柄时，向右拖动，即可快速完成整片区域迷你图的扩充（见图12-40）。

（3）美化迷你图：选中迷你图所在单元格区域→在【迷你图工具-设计】选项卡下→选择【标记颜色】选项→可根据个人喜好，对迷你图的最高点等进行细节颜色设置（见图12-41）。

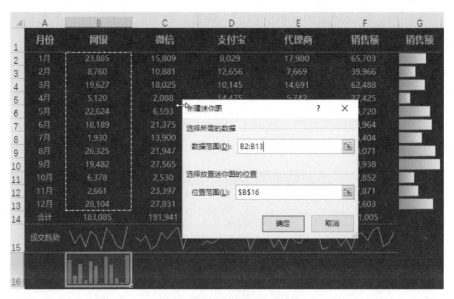

图 12-39

图 12-40

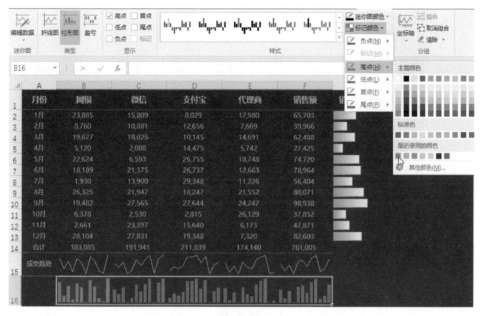

图 12-41

3. 利用开发控件，制作动态下拉框

在图12-32展示的案例中，当单击【I1】单元格的控件框右侧的小三角，可以完成不同月度数据的快速切换。这是动态图表中，和时间数据交互的"切入点"。制作控件框需要用到【开发工具】选项卡。在一般情况下，我们的工具栏是没有开发工具选项卡的，需要手动将它调用出来。

（1）调用工具：单击【文件】选项卡→选择【选项】选项（见图12-42和图12-43）→在弹出的【Excel选项】对话框中→选择【自定义功能区】选项→并勾选【开发工具】复选框（见图12-44）→单击【确定】按钮。

图 12-42

图 12-43　　　　　　　　　　　　　　　　图 12-44

（2）创建控件：单击【开发工具】选项卡，选择【插入】→【表单控件】菜单中
→选择【组合框（窗体控件）】选项→在Excel工作表区域适当的位置，拖动鼠标左
键，完成【组合框】的绘制（见图12-45）。

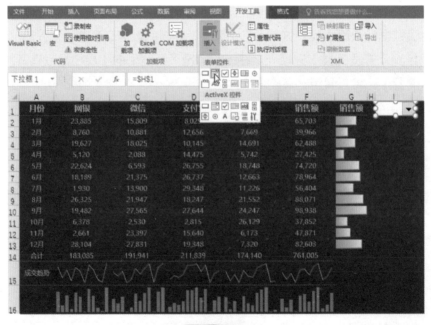

图 12-45

（3）设置控件属性：选中【组合框】后，右击→选择【设置控件格式】命令（见图12-46）→在弹出的【设置控件格式】对话框中→设置：【数据源区域】选择【A2:A13】单元格，【单元格链接】选择【H1】单元格（见图12-47）。

月份	网银	微信	支付宝	代理商	销售额
1月	23,885	15,809	8,029	17,980	65,703
2月	8,760	10,881	12,656	7,669	39,966
3月	19,627	18,025	10,145	14,691	62,488
4月	5,120	2,088	14,475	5,742	27,425
5月	22,624	6,593	26,755	18,748	74,720
6月	18,189	21,375	26,737	12,663	78,964
7月	1,930	13,900	29,348	11,226	56,404
8月	26,325	21,947	18,247	21,552	88,071
9月	19,482	27,565	27,644	24,247	98,938
10月	6,378	2,530	2,815	26,129	37,852
11月	2,661	23,397	15,640	6,173	47,871
12月	28,104	27,831	19,348	7,320	82,603
合计	183,085	191,941	211,839	174,140	761,005
成交趋势					

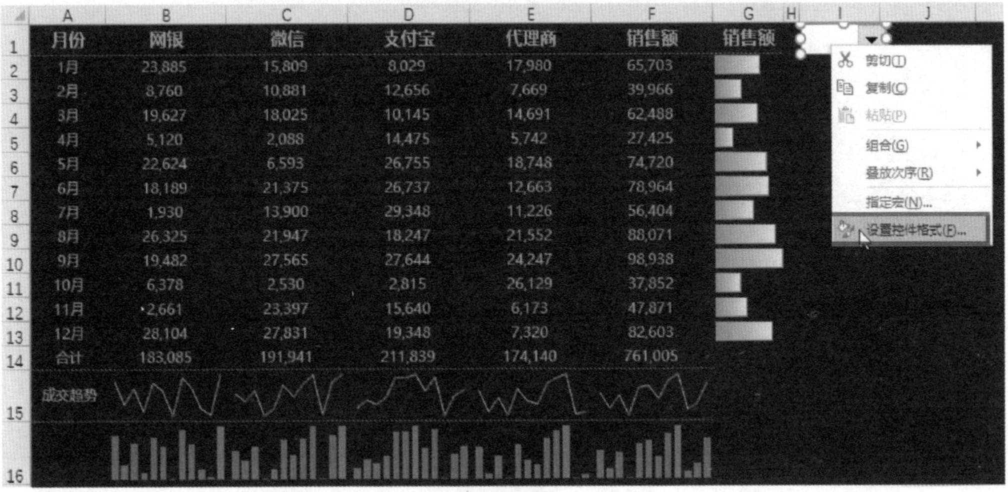

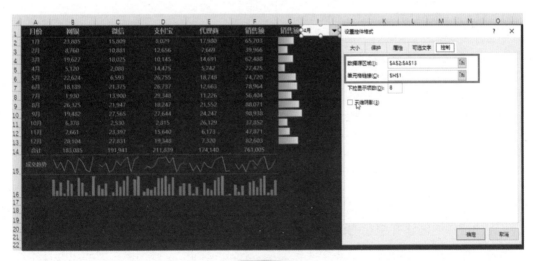

图 12-46

图 12-47

（4）测试控件效果：为了方便演示，我们将【H1】单元格的颜色，稍做改变，比如，将【填充颜色】和【字体颜色】设置为喜欢的颜色（本次示例中【填充颜色】为黄色，【字体颜色】为红色）。

设置完成后，当单击控件右侧小三角，选择具体月份（4月）时，控件【H1】单元格就会显示它在数据源序列（A2：A13）中对应的第几位（在A2：A13排在第4位，显示数字4），效果如图12-48。

图 12-48

表姐提示

【单元格链接】的设置，是为了将我们在控件框选择的具体月份，传递到我们的 Excel（H1）单元格中。然后在作图数据源中，通过关联（H1）单元格的值，通过函数完成不同数据的调用。实现对应月份，与其数据源构建的联动变化关系，实现根据所选月份，动态展现不同月份，各项业绩数据的变化。

4. 利用 VLOOKUP 函数，制作动态柱形图的作图所用数据源

完成控件的创建并将它的值传递到单元格以后，我们就要开始准备作图所用的数据源表。也就是说，根据【H1】单元格的值，在A：G列中，查出该月份对应的各平台业绩数据。

（1）创建作图数据表。在【H13:M15】单元格中，按照图12-49所示，分别录入："月份""网银""微信""支付宝""代理商""销售额""年度指标""累计完成""完成率"等内容。可以根据喜好，对字体颜色、边框、底纹等进行设置。

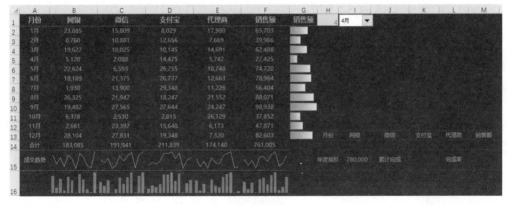

图 12-49

（2）编写月份公式。在【H14】单元格输入公式【=H1&"月"】；设置后，【H14】单元格中的内容，将随着选中【组合框】控件中，不同的月份变化而自动变化（见图12-50）。

表姐提示

公式中输入的所有符号，必须是英文状态下的符号。比如，双引号，应该写为英文状态下的双引号。

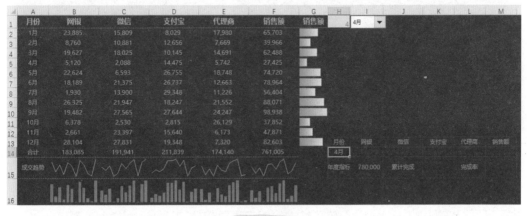

图 12-50

（3）编写VLOOKUP函数。在【I14】单元格输入公式：

【=VLOOKUP($H$14,$A$2:$F$13,COLUMN(B1),0)】

即根据【$H$14】单元的月份值（4月），在数据源表区域（$A$2:$F$13）进行查找，并将该区域中，从左往右数的第2列（COLUMN(B1)）结果，返回【I14】单元格中。

此时【网银】月销售量统计结果，将随着【H14】单元格中月份的改变而联动变化（见图12-51）。

表姐提示

COLUMN 函数是计算所选单元格所在列号。COLUMN(B1) 计算的是 B1 单元格所在列号，即 B 列为第 2 列，它计算的结果：COLUMN(B1)=2。

在 VLOOKUP 函数中，通常会嵌套 COLUMN 函数（计算列号）或 ROW 函数（计算行号）。这样，方便我们通过拖动的方式，灵活引用不同的列号或行号，提高公式编写效率。

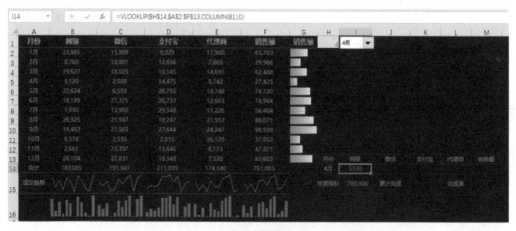

图 12-51

下面，只需将鼠标移至【I14】单元格右下角，当箭头变为十字句柄时，向右拖动鼠标，即可实现【J14: M14】单元格中，相应销售数据的计算（见图12-52）。

在步骤（3）中，由于各销售方式随着【H14】单元格中月份的变动而变动，因此 VLOOKUP 函数中必须将【$H$14】锁定，配合【COLUMN】函数的使用，提高公式编写效率。

图 12-52

5. 制作动态柱形图表

准备好作图数据源【H13：M13】单元格以后，即可开始制作图表。

（1）创建柱形图：选中【H13：M13】单元格→单击【插入】选项卡中→【柱形图】→选择【二维柱形图】选项（见图12-53），即可完成基础柱形图的插入。

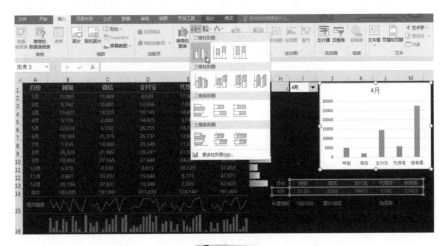

图 12-53

（2）美化柱形图：选中图表区域后 → 单击【图表工具-格式】选项卡 → 将图表的填充颜色和轮廓都设置为【无】 → 选中图表区域中的横线（网格线） → 按【Delete】键，删除冗余图表信息 → 再次选中图表，将图中的字体样式设置成你喜欢的样式即可。在本例中，设置字体为【微软雅黑】、字号为【9】、字体颜色为【灰白色】。

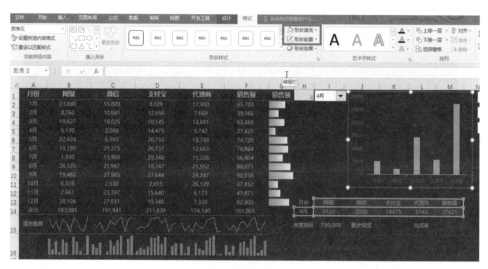

图 12-54

然后继续对柱形图的填充颜色，进行美化：

选中柱状图上的柱条，右击，选择【设置数据系统格式】命令（见图12-55） → 在【设置数据系列格式】窗格中 → 单击【填充】按钮 → 选中【渐变填充】单选按钮，并在【渐变光圈】处设定自己喜欢的渐变方式和渐变类型，完成对柱状图的设置（见图12-56）。

设置完成后，当我们单击开发控件时，咱们的作图数据源【H13：M13】单元格的值发生变化，对应的柱形图也会发生变化，即可得到"动态图表"的呈现效果。

表姐提示

可以使用 QQ 截图，读取案例中颜色的 RGB 设置，进行自定义颜色设置。

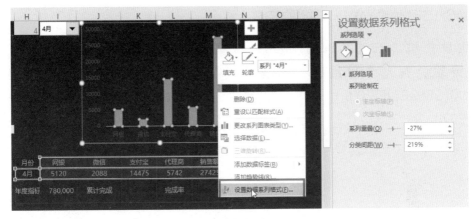

图 12-55

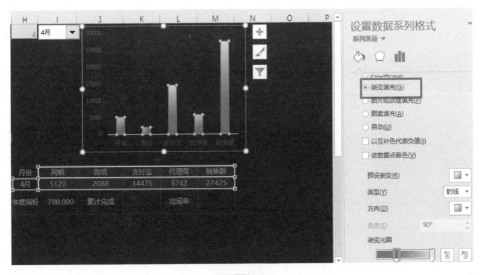

图 12-56

6. 制作年度指标完成率作图数据源及圆环图

下面继续完成年度指标完成率作图数据源及圆环图的制作，首先准备作图数据源。在本例中，【I15】单元格的"年度指标"780000，是手动录入的虚拟数据。在实际工作中，可以结合业务的具体数据，进行填写。

（1）计算累计完成销售额。在【K15】单元格要计算的是从1月份开始，累计至指定月份的总销售金额，所以要对这些区域对应的F列的销售额，进行SUM求和。只是这里的求和区域是动态的，需要结合开发控件选择的月份，选择对应的区域。这里需要用到OFFSET函数，求一个动态的区域。

也就是说，在【K15】单元格计算的累计销售额，是从【F2】单元格开始，有几个月月份，就往下囊括几行数据即可，对它输入公式【=SUM(OFFSET(F2,0,0,H1,1))】，即可计算出，控件选择月份的累计总销售额（见图12-57）。

表姐提示

OFFSET 函数返回的是，从初始单元格进行行、列偏移后，返回的指定大小（行数、列数）的新的单元格区域，它一共有 4 个参数：=OFFSET(reference, rows,cols,height,width)。

reference，开始偏移的起始单元格，在本例中是 F2 单元格，即 1 月份的销售额。

rows，向下偏移的行数，在本例中是 0，即不往下偏移。

cols，向右偏移的列数，在本例中是 0，即不往右偏移。

height，返回数据的行数，在本例中是 H1 单元格，即有 12 个月，就返回 12 行；比如，4 月，就返回的是第 2 到第 5 行，一共 4 行数据。

width，返回数据的列数，在本例中是 1，只有一列 F 列数据。

因此：=OFFSET(F2,0,0,H1,1) 计算得到的是一个区域，即【F2：F5】。

我们再用 SUM 函数进行求和，实际上计算的就是，F2：65703、F3：27310、F4：62488、F5：27425 的求和结果，即：182926。

（2）计算完成率。在【M15】单元格输入公式【=K15/I15】，即可计算出对应月份年度考核目标完成率。在制作圆环图时，还需要计算出未完成率，从而方便构建图表。因此，要在【N15】单元格输入公式【=1-M15】（见图12-58）。

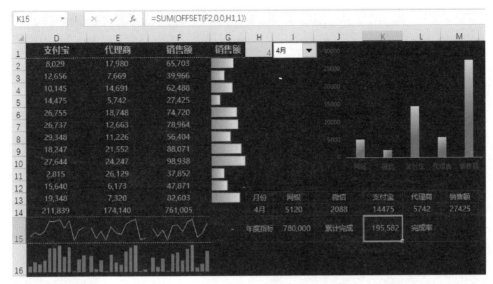

图 12-57

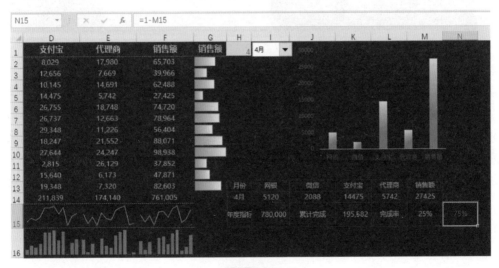

图 12-58

（3）创建圆环图：选中【M15：N15】单元格→单击【插入】选项卡→插入【圆环图】（见图12-59）。

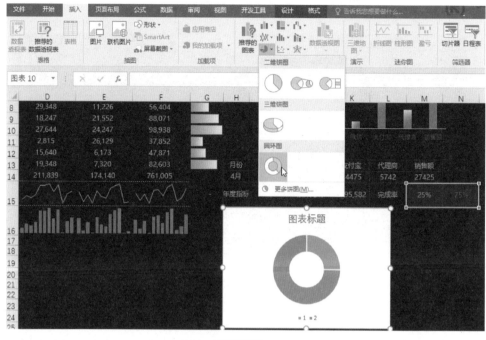

图 12-59

（4）美化圆环图：

①选中圆环图图表→单击【图表工具-格式】选项卡→将图表的填充颜色和轮廓都设置为【无】→选中图表区域中的横线（网格线）→按【Delete】键，删除冗余图表信息→（见图12-60）→再次选中图表区域，右击→选择【设置数据系列格式】命令→在右侧出现的【设置数据系列格式】窗格中选择左侧第一项→在【圆环图内径大小】中调整圆环图的厚薄，本例中将其设置为【55%】，让圆环变得"厚"一些（见图12-61）。

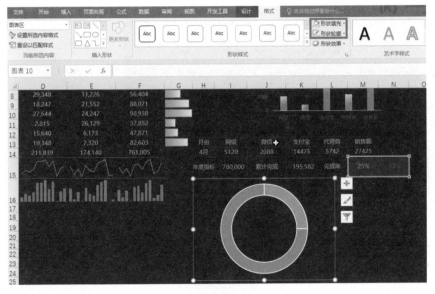

图 12-60

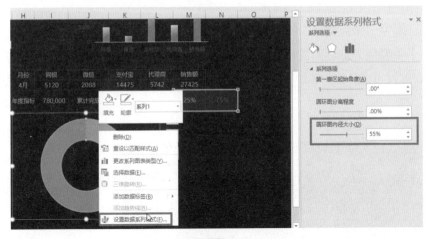

图 12-61

② 在圆环图中"完成率"的位置，单击两次鼠标左键，即可直接选中蓝色部分"完成率"的那一部分环形图区域，下面为这部分区域进行美化设置。

仅选中蓝色部分"完成率"的区域后→在右侧出现的【设置数据点格式】窗格→选择左侧第一个油漆桶的图标即【填充选项】→选中【渐变填充】单选按钮→选择一个你喜欢的颜色样式，比如，蓝色由深到浅的渐变模式（见图12-62）。

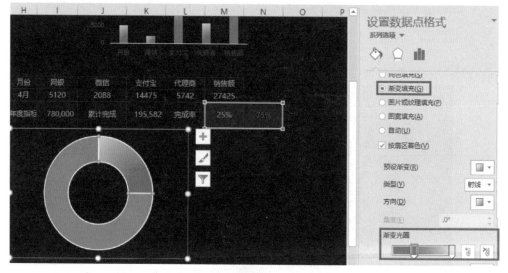

图 12-62

③ 用同样的方法，完成"未完成率"即图中橘黄色区域环形图的样式设计。

在圆环图中"未完成率"（橘黄色区域）的位置，单击两次鼠标左键选中后→设置其【填充】中颜色为你喜欢的样式，在本例中，【颜色】修改为【深蓝】，【透明度】修改为【60%】（见图12-63）。这样，我们可以得到一个半透明的圆环图，从而表示其"未完成"的状态。

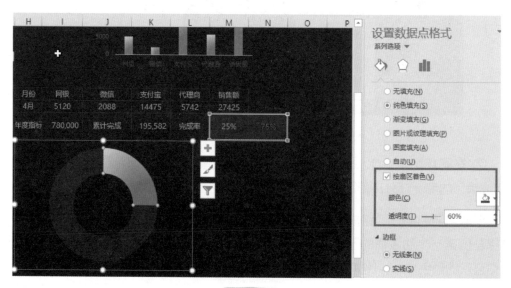

图 12-63

④ 我们利用绘制文本框的方式，为其添加完成率的具体数值。

a.单击【插入】选项卡→插入【文本框】（见图12-64），拖动完成文本框的绘制；

b.绘制完文本框以后，按下【Esc】键（或用鼠标单击文本框的边框位置处），选中整个文本框；

c.编辑栏，即平时显示公式的位置，输入【=$M$15】，即可将【$M$15】单元格的值绑定到文本框中；

d.调整文本的位置，将其移至圆环图合适的位置即可（见图12-65）。

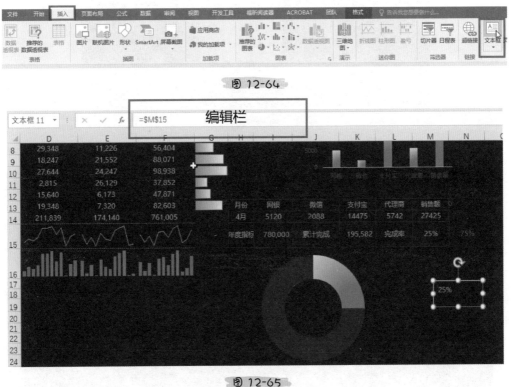

图 12-64

图 12-65

⑤组合图表：选中文本框及圆环图外框，右击，选择【组合】→【组合】命令，将它们组合到一起（见图12-66），然后将它们一起移动到图表中适当的位置（见图12-67）。

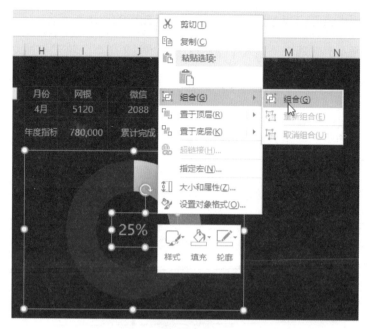

图 12-66

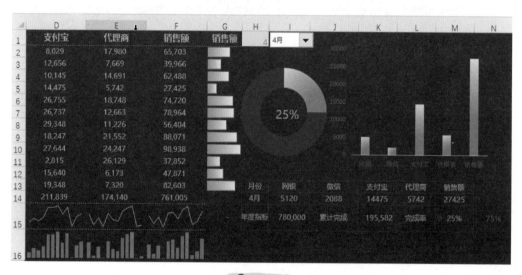

图 12-67

☞ 7. 调整图表标题及布局，完成整体图表制作

到图12-67为止，我们已经基本上完成整体图表的制作。下面我们再为图表添加一些标题样式，完成最后的图表细节整理工作。

（1）参考6.（5）-④的方法，分别插入两个文本框。

① 在插入第一个文本框后，在编辑栏中输入【=$H$14】（见图12-68），使文本框显示的值与月份变化情况形成联动变化。

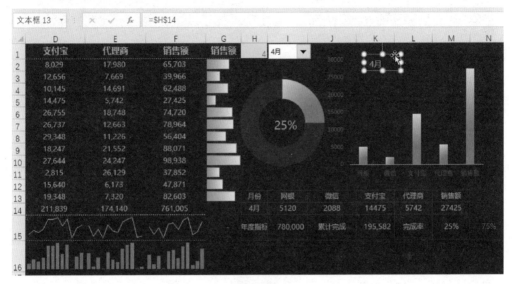

图 12-68

② 在插入第二个文本框后，添加文字内容："业绩统计情况"。

③ 调两个文本的字体样式，并拖动到合适的位置。

（2）隐藏图表区域辅助单元格：将【H4】单元格的底色修改为整张图表的背景颜色，然后将开发控件拖动摆放到合适的位置即可，最终动态图表制作完成后的效果，如图12-69所示。我们还可以根据自己工作的实际情况，为图表添加一些公司logo，或者小火箭的图片，表示我们的业绩"冲冲冲"。

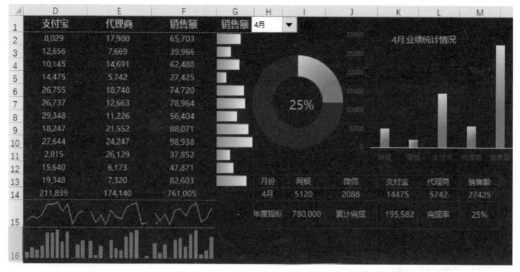

图 12-69

【本节小结】

　　本章我们一起学习了数据图表可视化的制作方法：在绘制图表之前，最重要的是问问自己，你想要表达什么？然后根据本书提供的《图表类型选择指南》找到合适你的图表类型。

　　在制作图表时，还是要把作图的数据源提前准备好，如果平时工作有积累话，那么就用前面的透视表、函数的知识，将它们进行汇总；如果没有数据，但又要立即制作汇报用的图表时，还可以先手动编写这些数据。

　　在图表的具体制作时，我们可以先根据数据表制作出基础的图表结构；如果没有满意的图表结构，还可以通过【更改图表类型】工具，重新修改图表样式，比如，创建组合图、启用次坐标等。

　　最后，就是对图表进行细节美化了。妙用复制【Ctrl+C】和粘贴【Ctrl+V】的方法，可以让图片快速注入你的图表中。使用开发控件和函数，还可以制作出根据我们选中内容的不同，呈现不同统计结果的"动态图表"。